国家出版基金项目
NATIONAL PUBLICATION FOUNDATION

国家"十二五"重点图书出版规划项目

城市地下空间出版工程·规划与设计系列

城市地下市政公用设施规划与设计

王恒栋　编著

同济大学 出版社
TONGJI UNIVERSITY PRESS

图书在版编目(CIP)数据

城市地下市政公用设施规划与设计/王恒栋编著.—上海：
同济大学出版社,2015.12
(城市地下空间出版工程/钱七虎主编.规划与设计系列)
ISBN 978-7-5608-6163-0

Ⅰ.①城…　Ⅱ.①王…　Ⅲ.①城市公用设施—市政工程—地下工
程—城市规划　Ⅳ.①TU99

中国版本图书馆 CIP 数据核字(2015)第 319403 号

城市地下空间出版工程·规划与设计系列

城市地下市政公用设施规划与设计

王恒栋　编著

出 品 人：支文军
策　　划：杨宁霞　季　慧　胡　毅
责任编辑：胡　毅
助理编辑：李　杰
责任校对：徐春莲
封面设计：陈益平

出版发行　　同济大学出版社　www.tongjipress.com.cn
　　　　　　(上海市四平路 1239 号　邮编:200092　电话:021-65985622)
经　　销　　全国各地新华书店、建筑书店、网络书店
排版制作　　南京新翰博图文制作有限公司
印　　刷　　上海中华商务联合印刷有限公司
开　　本　　787 mm×1 092 mm　1/16
印　　张　　8.75
字　　数　　218 000
版　　次　　2015 年 12 月第 1 版　　2015 年 12 月第 1 次印刷
书　　号　　ISBN 978-7-5608-6163-0
定　　价　　98.00 元

内 容 提 要

本书为国家"十二五"重点图书出版规划项目、国家出版基金资助项目。

全书结合我国城市地下空间综合利用现状,重点介绍了城市地下给水工程、地下排水工程、地下电力工程、地下综合管廊工程、地下环卫工程等城市地下市政基础设施的规划与设计理念,对我国目前的新型城镇化建设中的城市地下市政工程建设具有一定的参考价值。

本书可供从事城市地下市政工程建设的工程技术人员学习与参考。

《城市地下空间出版工程·规划与设计系列》编委会

学术顾问

叶可明　中国工程院院士

孙　钧　中国科学院院士

郑颖人　中国工程院院士

顾金才　中国工程院院士

蔡美峰　中国工程院院士

主　任

钱七虎

副主任

朱合华　黄宏伟

编委（以姓氏笔画为序）

王　剑　王　曦　王恒栋　卢济威　庄　宇　苏　辉

杨石飞　杨彩霞　束　昱　张　竹　张安峰　陈　易

范益群　胡　昊　俞明健　贾　坚　顾国荣　郭东军

葛春辉　路　姗

作者简介

王恒栋　男,上海市政工程设计研究总院(集团)有限公司副总工程师、上海市优秀技术带头人,上海市城乡建设和管理委员会科学技术委员会委员。长期从事市政工程设计与研究工作,在综合管廊工程设计、工程结构理论分析、结构体系可靠度、结构耐久性安全性使用评价、城市地下空间综合开发利用等领域,取得了一系列研究成果。在国内外专业刊物发表28篇学术论文,出版专著1部。先后获得国家科学技术进步二等奖1项,省部级科技进步一等奖2项、二等奖3项、三等奖4项。主持完成国家"十一五"科技支撑计划课题1项,上海市科委重大科研课题1项,上海市建科委科研课题1项,所主持的科研课题研究成果总体达到国际先进水平。主持完成的重大工程设计获得詹天佑奖2项,国家优秀工程设计一等奖3项,住房和城乡建设部优秀工程设计一等奖3项、二等奖4项,上海市优秀工程设计一等奖4项、三等奖2项。主持编写国家标准1部、地方标准3部、标准化协会标准1部,作为主要人员参加编写国家标准3部、地方标准3部、工程标准化协会标准3部。获得发明专利2项、实用新型专利15项。

总　序

　　国际隧道与地下空间协会指出,21世纪是人类走向地下空间的世纪。科学技术的飞速发展,城市居住人口迅猛增长,随之而来的城市中心可利用土地资源有限、能源紧缺、环境污染、交通拥堵等诸多影响城市可持续发展的问题,都使我国城市未来的发展趋向于对城市地下空间的开发利用。地下空间的开发利用是城市发展到一定阶段的产物,国外开发地下空间起步较早,自1863年伦敦地铁开通到现在已有150年。中国的城市地下空间开发利用源于20世纪50年代的人防工程,目前已步入快速发展阶段。当前,我国正处在城市化发展时期,城市的加速发展迫使人们对城市地下空间的开发利用步伐加快。无疑21世纪将是我国城市向纵深方向发展的时代,今后20年乃至更长的时间,将是中国城市地下空间开发建设和利用的高峰期。

　　地下空间是城市十分巨大而丰富的空间资源。它包含土地多重化利用的城市各种地下商业、停车库、地下仓储物流及人防工程,包含能大力缓解城市交通拥挤和减少环境污染的城市地下轨道交通和城市地下快速路隧道,包含作为城市生命线的各类管线和市政隧道,如城市防洪的地下水道、供水及电缆隧道等地下建筑空间。可以看到,城市地下空间的开发利用对城市紧缺土地的多重利用、有效改善地面交通、节约能源及改善环境污染起着重要作用。通过对地下空间的开发利用,人类能够享受到更多的蓝天白云、清新的空气和明媚的阳光,逐渐达到人与自然的和谐。

　　尽管地下空间具有恒温性、恒湿性、隐蔽性、隔热性等特点,但相对于地上空间,地下空间的开发和利用一般周期比较长、建设成本比较高、建成后其改造或改建的可能性比较小,因此对地下空间的开发利用在多方论证、谨慎决策的同时,必须要有完整的技术理论体系给予支持。同时,由于地下空间是修建在土体或岩石中的地下构筑物,具有隐蔽性特点,与地面联络通道有限,且其周围临近很多具有敏感性的各类建(构)筑物(如地铁、房屋、道路、管线等)。这些特点使得地下空间在开发和利用中,在缺乏充分的地质勘察、不当的设计和施工条件下,所引起的重大灾害事故时有发生。近年来,国内外在地下空间建设中的灾害事故(2004年新加坡地铁施工事故、2009年德国科隆地铁塌方、2003年上海地铁4号线事故、2008年杭州地铁建设事故等),以及运营中的火灾(2003年韩国大邱地铁火灾、2006年美国芝加哥地铁事故等)、断电(2011年上海地铁10号线追尾事故)等造成的影响至今仍给社会带来极大的负面效应。因此,在开发利用地下空间的过程中需要有深入的专业理论和技术方法来指导。在我国城市地下空间开发建设步入"快车道"的背景下,目前市场上的书籍还远远不能满足现阶段这方面的迫切需要,系统的、具有引领性的技术类丛书更感匮乏。

目前,城市地下空间开发亟待建立科学的风险控制体系和有针对性的监管办法,《城市地下空间出版工程》这套丛书着眼于国家未来的发展方向,按照城市地下空间资源安全开发利用与维护管理的全过程进行规划,借鉴国际、国内城市地下空间开发的研究成果并结合实际案例,以城市地下交通、地下市政公用、地下公共服务、地下防空防灾、地下仓储物流、地下工业生产、地下能源环保、地下文物保护等设施为对象,分别从地下空间开发利用的管理法规与投融资、资源评估与开发利用规划、城市地下空间设计、城市地下空间施工和城市地下空间的安全防灾与运营管理等多个方面进行组织策划,这些内容分而有深度、合而成系统,涵盖了目前地下空间开发利用的全套知识体系,其中不乏反映发达国家在这一领域的科研及工程应用成果,涉及国家相关法律法规的解读,设计施工理论和方法,灾害风险评估与预警以及智能化、综合信息等,以期成为对我国未来开发利用地下空间较为完整的理论指导体系。综上所述,丛书具有学术上、技术上的前瞻性和重大的工程实践意义。

本套丛书被列为"十二五"时期国家重点图书出版规划项目。丛书的理论研究成果来自国家重点基础研究发展计划(973 计划)、国家高技术研究发展计划(863 计划)、"十一五"国家科技支撑计划、"十二五"国家科技支撑计划、国家自然科学基金项目、上海市科委科技攻关项目、上海市科委科技创新行动计划等科研项目。同时,丛书的出版得到了国家出版基金的支持。

由于地下空间开发利用在我国的许多城市已经开始,而开发建设中的新情况、新问题也在不断出现,本丛书难以在有限时间内涵盖所有新情况与新问题,书中疏漏、不当之处难免,恳请广大读者不吝指正。

钱七虎

2014 年 6 月

前　言

　　随着我国经济建设的高速发展和城市人口增加,城市规模不断扩大,许多城市出现建设用地紧张、道路交通拥挤、城市基础设施不足、环境污染加剧等问题。解决这些问题的方案一种是继续扩大城市外延,另一种是走内涵式发展的道路,把开发利用城市地下空间提到重要议事日程上来。外延式的发展方式,靠扩展城市用地面积和向高空延伸,一方面使城市人口密度加大,城市容量急剧膨胀,另一方面也会加剧城市用地的矛盾;内涵式发展方式无论从生产、生活设施的建设需要,还是从减轻城市环保、防灾压力的需要等,都迫切要求城市向地下空间发展。

　　城市市政公用设施是城市建设的重要组成部分,包括供电、供水、供气、供热、排水、排污以及各类电信专业管线等,是城市赖以生存和发展的基础和保障,是保证城市功能正常发挥和人民安居乐业的神经和血管。随着我国城市经济、科技和人民生活水平的不断提高,所需的市政公用设施的数量和容量必将日渐增多,城区地下已经密如蛛网的各类管线还将有增无减。因而城市市政公用设施出现地下化的趋势,包括地下变电站、地下净水厂、地下泵站、地下综合管廊等一大批地下市政公用设施。

　　本书主要内容包括:①概括论述城市地下空间综合开发利用现状,简要介绍城市地下空间综合开发利用的规划原则和管理政策;②介绍国外发达国家城市地下空间利用中地下市政公用设施建设情况;③我国城市市政公用设施的规划标准和规划原则、方法;④我国城市地下市政公用设施设计标准及设计方法。

　　本书涉及的研究成果是在上海市优秀技术带头人(13XD1423000)资助下完成的。

　　本书的编著过程中,得到了作者工作单位上海市政工程设计研究总院(集团)有限公司的大力支持,在此特别表示感谢!

　　王艳明、张欣、李剑、俞士静、唐旭东、薛伟辰等同行专家对本书的编写提供了大量宝贵资料,深表感谢!

感谢同济大学出版社对本书出版发行的大力支持以及所做的辛勤工作。

书中不足之处,恳请读者批评指正。

王恒栋

2015 年 10 月于上海

目 录

1　绪　　论

1.1 城市市政公用设施

人类社会有着悠久的发展历史,从远古的穴居到部落群居,逐渐形成村镇,最后发展成为人口高度聚集的城市。现代城市无疑是人类文明最主要的组成部分,是经济最活跃的聚集地。为了保证城市的正常运转,必须配套建设与之相适应的城市市政公用设施,主要包括城市交通、给水、排水、电力、电信、燃气、热力、环卫、防洪等基础设施。城市市政公用设施是城市赖以正常生存和发展的基础和保障,是保证城市功能正常发挥和人民安居乐业的神经和血管。

城市市政公用设施一般包括如下设施。

(1)城市交通设施:包括城市道路工程(城市桥梁、隧道、涵洞、立交桥、过街人行桥、地下通道等)、轨道交通系统(地铁、轻轨、有轨电车等)、公共停车场、广场等,以及附属于上述工程的配套设施。

(2)城市给水设施:城市自来水处理厂、给水管网及配水管网、泵站、清水库等。

(3)城市排水设施:城市雨水管道、污水管道、雨水污水合流管道、排水河道及排水沟渠、提升泵站、污水处理厂、雨水调蓄池等。

(4)城市电力设施:变电站、输配电电网。

(5)城市燃气设施:燃气调压站(煤气、天然气、石油液化气)、燃气管网。

(6)城市热力设施:集中供热场站、换热站、热力管网等。

(7)城市通信设施:有线通信系统、无线通信系统、有线电视系统等。

(8)城市防洪设施:城市防洪堤岸、河坝、防洪墙、排涝泵站、排洪道及其他附属设施。

(9)城市环卫设施:垃圾收集站、压缩站、转运站、填埋场等。

(10)人防设施:在公共场地建设的人防设施。

1.2 城市市政工程地下化

1.2.1 城市地下空间利用的必要性

空气、水、土地是人类生存的必备要素。在人口高度集聚的城市,宝贵的土地资源成为城市赖以存在和发展的最基本的物质基础。目前,我国正处于城镇化快速发展阶段,随着我国社会、经济的发展,城镇化水平也会逐步提高,城镇人口还将继续增长,城镇数量和规模也将继续增长,城镇建设会有很大的发展。在城市建设中如果继续盲目照搬发达国家的模式,追求大广场、大马路、大中心公园绿地和景观工程,势必会造成城市规模急剧膨胀,随之带来的城市地面空间不足、交通阻塞、环境恶化等问题将越来越突出。要改变"粗放型"城市建设模式,走"集约化"建设之路,在城市建设中综合开发城市地下空间已成为增强城市功能、改善城市环境、提高土地利用效率的必要手段和发展趋势。

向地下要土地、要空间已成为城市发展的必然。1982 年联合国自然资源委员会指出,地下空间是人类潜在的和丰富的自然资源。实践表明,有效开发利用地下空间是提高土地利用效率与节省土地资源、缓解中心城区高密度、人车立体分流、疏导交通、扩充基础设施容量、增加城市绿地、保持城市历史文化景观、减少环境污染、改善城市生态的最有效途径。城市地下空间是一个十分巨大而丰富的空间资源,如得到合理开发利用,其节省土地资源的效果是十分明显的(钱七虎,1998)。

1.2.2　城市地下空间规划

城市的建设和发展都要遵守规划的约束。为了加强我国城乡规划管理,协调城乡空间布局,改善人居环境,集约、高效、合理利用城乡土地,促进城乡经济社会全面、科学、协调、可持续发展,我国修订了《中华人民共和国城乡规划法》,并于 2008 年 1 月 1 日起施行。《中华人民共和国城乡规划法》明确规定:"在规划区内进行建设活动,必须遵守本法;制定和实施城乡规划,应当遵循城乡统筹、合理布局、节约土地、集约发展和先规划后建设的原则,改善生态环境,促进资源、能源节约和综合利用,保护耕地等自然资源和历史文化遗产,保持地方特色、民族特色和传统风貌,防止污染和其他公害,并符合区域人口发展、国防建设、防灾减灾和公共卫生、公共安全的需要;在规划区内进行建设活动,应当遵守土地管理、自然资源和环境保护等法律、法规的规定;城市地下空间的开发和利用,应当与经济和技术发展水平相适应,遵循统筹安排、综合开发、合理利用的原则,充分考虑防灾减灾、人民防空和通信等需要,并符合城市规划,履行规划审批手续。"

国务院《关于加强城市基础设施建设的意见》(国发〔2013〕36 号)明确指出:"城市基础设施是城市正常运行和健康发展的物质基础,对于改善人居环境、增强城市综合承载能力、提高城市运行效率、稳步推进新型城镇化、确保 2020 年全面建成小康社会具有重要作用。当前,我国城市基础设施仍存在总量不足、标准不高、运行管理粗放等问题。加强城市基础设施建设,有利于推动经济结构调整和发展方式转变,拉动投资和消费增长,扩大就业,促进节能减排。"要求在城市基础设施建设过程中,坚持规划引领与民生优先。坚持先规划、后建设,切实加强规划的科学性、权威性和严肃性。发挥规划的控制和引领作用,严格依据城市总体规划和土地利用总体规划,充分考虑资源环境影响和文物保护的要求,有序推进城市基础设施建设工作。坚持先地下、后地上,优先加强供水、供气、供热、电力、通信、公共交通、物流配送、防灾避险等与民生密切相关的基础设施建设,加强老旧基础设施改造。保障城市基础设施和公共服务设施供给,提高设施水平和服务质量,满足居民基本生活需求。

由于我国城市行政区域较大,在城市地下空间规划编制当中,若要求每个片区都按照规划编制的深度进行地下空间的规划,显然很难做到,也不科学合理。在城市地下空间规划编制当中,更应当把握重点,分清主次,注意规划的分片分层原则(黄芝,2013)。

所谓分片,就是根据城市总体规划,突出地下空间重点开发区域的规划编制。地下空间重点开发地区一般应选在城市公共活动密集区域、土地成片高强度开发区域、城市轨道交通枢纽站点、大型商业集聚区域。如在上海市城市地下空间规划中,明确提出地下空间开发应结合城市的城镇结构体系,形成以中心城为核心,新城为节点,依托地下交通设施和其他城市基础设施,辐射到相邻地区,形成一定规模的各具特色的地下空间综合工程。

所谓分层,就是确立不同深度的开发规则,明确浅层、中层、深层空间开发的原则和不同地层地下构筑物规划的分配原则。地下分层示意如图 1-1 所示。

(1)浅层:0～－3 m,规划建设一般的市政公用管线。

(2)中层:－3～－15 m,规划建设大口径市政管线、地铁、地下综合体、综合管廊、民防工程、地下仓库。

(3)深层:－15～－30 m,规划建设物流通道、地下污水收集设施等。

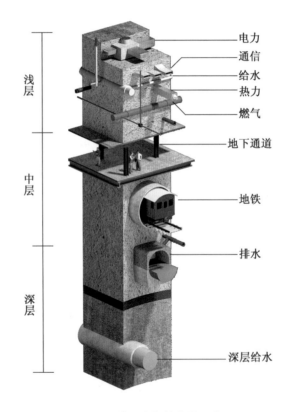

图 1-1　地下空间的分层示意

地下空间的浅层,是大家争相利用的宝贵紧缺资源,其主要原因是建设成本较低,施工便捷,其次是改造及抢险难度小。在浅层空间主要敷设的是给水、排水、燃气、热力、电力、通信、广播电视、工业等管线及其附属设施。为了规范使用表层和浅层地下空间资源,根据《城市工程管线综合规划规范》(GB 50289)的规定,工程管线的最小覆土深度应符合表 1-1 的规定。当受条件限制不能满足要求时,可采取安全措施后减少其最小覆土深度。

表 1-1		工程管线的最小覆土深度										（m）
序号		1		2		3		4	5	6	7	8	9
管线名称		电力管线		通信管线		热力管线		燃气管线	给水管线	雨水管线	污水管线	再生水管线	综合管廊
		直埋	保护管	直埋及塑料、混凝土保护管	钢保护管	直埋	管廊						
最小覆土深度	人行道下	0.70	0.50	0.70	0.50	0.70	—	0.60	0.60	0.60	0.60	0.60	—
	车行道下	1.00	0.50	0.80	0.60	1.00	0.20	0.90	0.70	0.70	0.70	0.70	0.5

注：10 kV 以上直埋电力电缆管线的覆土深度不应小于 1.0 m。

根据《城市工程管线综合规划规范》(GB 50289)的规定，工程管线交叉时的最小垂直净距应符合表 1-2 的规定。当受现状工程管线等因素限制难以满足要求时，应根据实际情况采取安全措施后减少其最小垂直净距。

表 1-2							工程管线交叉时的最小垂直净距				（m）
序号	管线名称		给水管线	污、雨水管线	热力管线	燃气管线	通信管线		电力管线		再生水管线
							直埋	保护管及通道	直埋	保护管	
1	给水管线		0.15	—	—	—	—	—	—	—	—
2	污、雨水管线		0.40	0.15	—	—	—	—	—	—	—
3	热力管线		0.15	0.15	0.15	—	—	—	—	—	—
4	燃气管线		0.15	0.15	0.15	0.15	—	—	—	—	—
5	通信管线	直埋	0.50	0.50	0.25	0.15	0.25	0.25	—	—	—
		保护管、通道	0.15	0.15	0.25	0.15	0.25	0.25	—	—	—
6	电力管线	直埋	0.50	0.50	0.50	0.50	0.50	0.50	0.50	0.50	—
		保护管	0.25	0.25	0.25	0.15	0.25	0.25	0.25	0.25	—
7	再生水管线		0.50	0.40	0.15	0.15	0.15	0.15	0.50	0.50	0.15
8	管沟或管廊		0.15	0.15	0.15	0.15	0.25	0.25	0.50	0.25	0.15
9	涵洞（基底）		0.15	0.15	0.15	0.15	0.25	0.25	0.50	0.25	0.15
10	电车（轨底）		1.00	1.00	1.00	1.00	1.00	1.00	1.00	1.00	1.00
11	铁路（轨底）		1.00	1.20	1.20	1.20	1.50	1.50	1.00	1.00	1.00

城市道路一般分为快速路、主干路、支路，是城市地下空间开发的重要组成部分，也是敷设

市政管线的载体。为了规范管线敷设的秩序,便于管线的敷设和管理,在规划层面应明确管线在道路红线的空间布局,如图 1-2 所示。

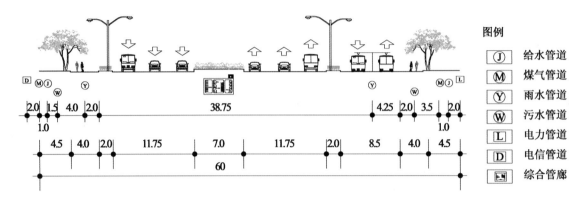

图 1-2　道路管线地下空间的分布示意图(单位:m)

1.2.3　城市地下空间开发管理

城市地下空间综合开发利用与地面规划建设明显不同,城市地下空间开发具有客观的复杂性和不可逆性,主要体现在:工程地质和水文地质条件复杂,工程技术要求高,建设具有不可逆性并且难以改造,建设成本巨大,存在防灾安全隐患和生态环境等问题。为了加强对城市地下空间开发利用的管理,合理开发城市地下空间资源,适应城市现代化和城市可持续发展建设的需要,我国于 1997 年颁布了《城市地下空间开发利用管理规定》,并于 2001 年进行了修订,明确城市地下空间开发利用规划是城市规划的重要组成部分。其主要内容包括如下规定。

(1)城市地下空间的开发利用应贯彻统一规划、综合开发、合理利用、依法管理的原则,坚持社会效益、经济效益和环境效益相结合,考虑防灾和人民防空等需要。

(2)国务院建设行政主管部门负责全国的城市地下空间的开发利用管理工作。县级以上地方人民政府建设行政主管部门负责本行政区域内城市地下空间开发利用的管理工作。

(3)城市地下空间规划是城市规划的重要组成部分。各级人民政府在组织编制城市总体规划时,应根据城市发展的需要,编制城市地下空间发展规划。有关建设单位应根据城市规划行政主管部门提供的规划设计条件,编制具体的城市地下空间建设规划。

(4)城市地下空间规划的主要内容包括地下空间现状及发展预测,地下空间开发战略,开发层次、内容、期限、规模与布局,地下空间开发实施步骤,地下工程的具体位置、出入口位置,不同地段的高程,各设施之间的相互关系,与地面建筑的关系,配套工程的综合布置方案、经济技术指标等。

(5)城市地下空间的规划编制应注意保护和改善城市的生态环境,科学预测城市发展的需要,坚持因地制宜,远近兼顾,全面规划,分步实施,使城市地下空间的开发利用同国家和地方的经济技术发展水平相适应。城市地下空间规划应实行竖向分层立体综合开发,横向相关空间互相连通,地面建筑与地下工程协调配合。

(6) 城市地下工程由开发利用的建设单位或使用单位进行管理,并接受建设行政主管部门的监督检查。

(7) 地下工程应本着"谁投资、谁所有、谁受益、谁维护"的原则,允许建设单位对其投资开发建设的地下工程自营或依法进行转让、租赁。

(8) 建设单位或使用单位应加强地下空间开发利用工程的使用管理,做好工程的维护管理和设施维修、更新。要建立健全维护管理制度和工程维修档案,确保工程、设备处于良好状态。

(9) 建设单位或使用单位在使用中要建立健全安全责任制度,采取可行的措施,杜绝可能发生的火灾、水灾、爆炸及危害人身健康的各种污染。

(10) 建设单位或使用单位在使用或装饰装修中不得擅自改变地下工程的结构设计,需改变原结构设计的应按规定重新办理审批手续。

(11) 平战结合的地下工程,平时由建设或使用单位进行管理,并应保证战时能迅速供有关部门和单位使用。

现代城市建设呈立体化组合发展的趋势,要求地上、地下同步开发。发达国家的发展历史表明,当前必须加强地下空间开发利用的统一规划与管理,着重抓好以下几个问题。

(1) 抓紧制定城市地下开发建设总体规划。城市地下空间是一种极其宝贵的资源,不可再生。特别是面临大规模开发地下空间新时期的到来,更加需要制定一个地下开发建设总体规划作为建设和管理的依据。既要统一规划整个城市地下空间的发展与建设,又要把各层地下空间和地下设施建设的平面布局与纵向布置进行统一规划、综合安排,并制定综合控制性详细规划。

(2) 搞好城市地下空间开发利用规划与城市防灾减灾建设的有机结合。防止和减轻灾害对城市的破坏是现代城市的一项重要功能。合理开发利用地下空间,修建各种地下设施和多功能的地下综合体,既可供民用,又可抗震减灾,提高城市整体防护能力。因此,必须对防灾设施与常用设施,进行统筹建设、综合利用。

(3) 城市地下空间开发利用规划与建设,必须严格遵守各项技术规定与法规条例。地下空间设施的规划建设,要严格遵守和执行国家各项防灾技术规范与标准,做到依法开发、依法利用、依法管理。

(4) 尽快实现城市地下空间开发利用模式的转换。地下空间开发利用,应当由单一的开发利用模式转到综合开发利用模式上来。因为传统单一的开发利用模式已经不适应现代城市发展的要求。城市地下空间是重要的城市空间资源,又是城市空间结构的重要组成部分。因此,城市地下空间的综合开发利用,必须从形成合理的城市空间结构出发,把城市的地面、高空和地下作为一个整体加以规划建设。要牢固树立立体化观念,反对把城市空间开发利用局限于地面和高空,排除地下空间的片面观点,又要防止完全撇开地面的高空而单独进行地下空间的开发利用。把地下设施建成一物多用、多功能的综合体。

（5）建立和完善城市地下空间开发利用的运行机制。地下空间综合开发利用的规划建设与管理同城建、国土、规划、人防、政府消防、抗震、水利防洪、绿化、环保、水电、国防、文物保护等行政管理与执法部门都有密切关系。

1.2.4 城市市政设施地下化

自1863年英国伦敦建成世界上第一条地铁开始，国外地下空间的发展已经历了相当长的一段时间，国外地下空间的开发利用从大型建筑物向地下的自然延伸发展到复杂的地下综合体（地下街）再到地下城（与地下快速轨道交通系统相结合的地下街系统），地下建筑在旧城的改造再开发中发挥了重要作用。同时地下市政设施也从地下给、排水管网发展到地下大型给水系统，地下大型能源供应系统，地下大型排水及污水处理系统，地下生活垃圾的清除、处理和回收系统，以及地下综合管廊。

（1）点式市政设施：点式市政设施包括自来水处理厂、加压泵站，污水处理厂、雨污水泵站，燃气加压站、调压站，高压变电站、开关站，垃圾收集转运站，区域能源站等。这些设施的特点是占地面积较大，和周边环境矛盾较大，同时会给周边的开发利用带来不利影响。

（2）线式市政设施：线式市政设施包括给水管网、污水管网、雨水管网、燃气管网、集中供冷供热管网、垃圾管道化收集管网、电力电缆、通信电缆等。

根据《城市地下空间基本术语标准》（JGJ/T 335—2014），城市地下市政公用设施可分为地下管线、地下能源主要设施、地下环卫主要设施、综合管廊等几部分，详见表1-3。

表1-3　　　　　　　　　　　　地下市政公用设施分类表

一级结构类别	二级结构类别	三级结构类别	代表词条
地下市政公用设施	地下管线	地下管线主要功能设施分类	地下电力管线设施
			地下信息与通信设施
			地下给水设施
			地下排水设施
			地下燃气设施
			地下热力设施
		主要建筑部件	管道
			过河管
			倒虹管
			虹吸管
			雨水储存设施
			调蓄排放设施

续表

一级结构类别	二级结构类别	三级结构类别	代表词条
地下市政公用设施	地下能源主要设施	—	地下能源调控中心
			地下变配电站
	地下环卫主要设施	—	地下垃圾转运站
			地下垃圾收集中心
			垃圾气力输送系统
	综合管廊	功能和区位分类	干线综合管廊
			支线综合管廊
			缆线型综合管廊
			干支线混合综合管廊
		主要设施	吊装口
			分支口

2 地下给水工程规划与设计

2.1 地下给水工程概述

水是生命之源,是城市生存和发展的必备条件,也是城市发展的关键性制约因素。欧美发达国家均进行了大量的地下给水工程建设。美国水资源条件相对较好,但也存在水资源时空分布不均、与经济社会发展布局不匹配的问题。美国东临大西洋,西临太平洋,国土面积936万 km²。与我国类似,美国东部湿润,年降雨量 800～2 000 mm,水资源比较充沛,西部干旱缺水,降雨一般在 500 mm 以下,部分地区仅 50 mm 左右,且雨量的时空分布不均。为满足日益增长的用水需求,改善水资源供需不平衡的状况,从 20 世纪初至 70 年代末,美国开展了大规模的水利基础设施建设,兴建了大量的蓄水、调水工程,形成了较为完善的工程体系。如 1941年建成的科罗拉多河引水工程,是一个典型的大型地下长距离引水工程,引水总长度 390 km,其中隧洞 30 处,隧道总长度 148 km,最长隧洞 27 km,采用 5 级提水方式,将科罗拉多河水引至以洛杉矶为中心的南加州地区,该引水工程是洛杉矶发展的基础。美国纽约市的大型给水系统,完全布置在地下岩层中,石方量 130 万 m³,混凝土 54 万 m³,除一条长 22 km、直径 7.5 m 的输水隧道外,还有几组控制和分配用的大型地下洞室,每一级都是一项空间布置复杂的大型岩石工程(丁亚兰,1999)。如图 2-1 所示为美国一典型的大型地下给水工程。

图 2-1 美国某地下给水管网示意图

北欧地质条件良好,是地下空间开发利用的先进地区,特别是在市政设施和公共建筑方面。负担瑞典南部地区供水的大型系统全部在地下,埋深 30～90 m,隧道长 80 km,靠重力自流。芬兰赫尔辛基的大型给水系统,隧道长 120 km,过滤等处理设施全部在地下。挪威的大型地下给水系统,其水源也实现地下化,在岩层中建造大型贮水库,既节省土地又减少水的蒸发损失。

2011 年建成的上海市青草沙水源地原水工程主要由四大主体组成:青草沙水库及取输水泵闸工程、岛域输水管线工程、长江原水过江管工程、陆域输水管线及增压泵站工程。整个工程的输水管线总长约 232 km,穿越长兴岛、长江、浦东新区。此外,还有中央沙圈围工程、青草沙水库北堤上段先期护底工程。该工程承担着含市中心区、浦东、长兴岛、横沙岛等地区的原水供应,预计 2020 年的供水规模为 719 万 m³/d,其中长兴输水支线供水规模为 11 万 m³/d,岛域输水干线供水规模为 708 万 m³/d。岛域输水管线由两部分组成,其中一路为岛域干线,至长江过江管接收井,为两根直径 5.5 m 的盾构隧道,单管长度 5.5 km,输水规模为 708 万 m³/d;另一路为岛域支线,至长兴水厂,为两根外径 800 mm 的埋地钢管,单管长度约 4.73 km,输水规模为 11 万 m³/d。长江原水过江管在上海长江隧道下游约 80 m 处,浦东侧越江点在五号沟,长兴岛越江点在新开河附近。出发井设于浦东五号沟东土石油化工总厂西北角,然后从浦东侧防汛墙下穿越长江南港水域。接收井设于长兴岛长江隧道和新开港间、永和路南侧。陆域输水管线采用双主干线双管方案,总长度约 196 km,分六大单体立项:五号沟原水增压泵站工程、严桥支线工程、金海支线工程、凌桥支线工程、南汇支线工程和黄浦江上游引水系统严桥泵站改造工程。如图 2-2 所示为上海市五号沟大型地下泵站。

图 2-2　上海市五号沟大型地下泵站

2.2　给水工程规划

2.2.1　给水工程规划的主要任务

（1）确定给水系统的服务范围与建设规模;

（2）确定水资源综合利用与保护措施；

（3）确定系统的组成与体系结构；

（4）确定给水系统主要构筑物的位置；

（5）确定给水处理的工艺流程与水质保证措施；

（6）给水管网规划和干管布置与定线；

（7）确定废水的处置方案及对环境影响的评价；

（8）给水工程规划的技术经济比较，包括经济、环境和社会效益分析。

2.2.2 城市给水系统工程规划的主要原则

（1）贯彻执行国家和地方的相关政策和法规；

（2）城镇及工业企业规划时应兼顾给水工程；

（3）给水工程规划要服从城镇发展规划；

（4）合理确定近远期规划与建设范围；

（5）要合理利用水资源和保护环境；

（6）规划方案应尽可能经济和高效。

2.2.3 城市给水工程系统总体规划的主要内容

根据城市规划编制层次，城市给水工程系统规划也分为总体规划和详细规划两个层次。

1）城市给水工程系统总体规划的主要内容

（1）确定用水量标准，预测城市总用水量；

（2）平衡供需水量，选择水源，进行城市水源规划，确定取水方式和位置；

（3）确定给水系统的形式、水厂供水能力和厂址，选择处理工艺；

（4）布置输配水干管、输水管网和供水重要设施，估算干管管径；

（5）确定水源地卫生防护措施。

2）城市给水工程系统详细规划的主要内容

（1）计算详细规划范围的用水量；

（2）布置详细规划范围内的各类给水设施和给水管网；

（3）计算输水管渠管径，校核配水管网水量及水压；

（4）选择供水管材。

2.2.4 给水系统布置

1. 城市给水系统的组成

城市给水系统一般由取水工程、自来水厂站工程和输配水工程组成。

1）城市取水工程

城市取水工程包括城市水源（含地下水、地表水）、取水口、取水构筑物、提升原水的一级泵站以及输送原水到自来水厂的输水管道等设施,还包括在特殊情况下为蓄水、引水工程而建造的水闸、堤坝等设施。取水工程的功能是将原水取送到城市自来水厂,为城市提供足够的水源。

2)自来水厂站工程

自来水厂站工程包括城市自来水厂、清水库、输送净水的二级泵站等设施。自来水厂站工程的功能是将原水处理成符合城市饮用水水质标准的水,并加压输入城市供配水管网。

3)输配水工程

输配水工程包括从净水工程输入城市供配水管网的输水管道、供配水管网以及调节水量、水压的高位水池、水塔、清水增加泵站等设施。输配水工程的功能是将净水保质、保量、稳压地输送到终端用户。

2. 城市水源选择

在工农业生产和城镇生活供水规划中,水资源的合理评价和水源地的正确选择是供水规划设计能否实施的重要基础保证。水源地选择的正确与否关键在于对所规划水资源的认识程度。城市给水水源选择影响到城市总体布局和给水系统的布置,应进行认真深入的调查、勘探,结合有关自然条件、水质监测、水资源规划、水污染控制规划、城市远近期规划等进行分析、研究。通常情况下,要根据水资源的性质、分布和供水特征,从供水水源的角度对地表水和地下水资源从技术经济方面进行深入全面比较,力求经济、合理、安全可靠。水源选择必须在对各种水源进行全面分析研究、掌握其基本特征的基础上进行。一般情况下应综合考虑下列因素。

1)水源具有充沛的水量

除满足当前的生产、生活需要外,还要考虑到满足城市近远期发展的需要。地下水源的最大取水量不应大于其允许开采储量(补给量)。若地下水径流量有限,一般不适用于用水量很大的情况。河流的取水量应不大于河流枯水期的可取量。采用地表水水源须先考虑自天然河道和湖泊中取水的可能性,其次考虑采用挡河筑坝蓄水库水,而后考虑需调节径流的河流。

2)水源具有良好水质

水质良好的水源有利于提高供水水质,可以简化水处理工艺,减少基建投资和降低成本。其中生活饮用水水源的水质必须符合《生活饮用水水源水质标准》(CJ 3020—93)。标准中把水源分为两级:一级水源要求水质良好,地表水只需经简单净化处理、消毒后即可供生活饮用,地下水只需消毒处理;二级水源要求水质只受轻度污染,经常规净化处理,其水质达到《生活饮用水卫生标准》(GB 5749—2006)。如表 2-1 所示为生活饮用水水源水质分级参数表。污染物浓度超过二级标准限值的水源不宜作生活饮用水的水源,若限于条件需加以利用时,应采用净化工艺处理,达到标准,并经主管部门批准。水源中含有其他有害物质时,其含量应符合《工业企业设计卫生标准》(GBZ 1—2015)中有关要求。对于工业企业生产用水水源的水质要求则随生产性质及生产工艺而定。

表 2-1　　　　　　　　　　　生活饮用水水源水质分级参数表

项　目	标 准 限 值	
	一　级	二　级
色	色度不超过 15 度,并不得呈现其他异色	不应有明显的其他异色
浑浊度/度	≤3	—
嗅和味	不得有异臭、异味	不应有明显的异臭、异味
pH 值	6.5~8.5	6.5~8.5
总硬度(以碳酸钙计)/(mg·L^{-1})	≤350	≤450
溶解铁/(mg·L^{-1})	≤0.3	≤0.5
锰/(mg·L^{-1})	≤0.1	≤0.1
铜/(mg·L^{-1})	≤1.0	≤1.0
锌/(mg·L^{-1})	≤1.0	≤1.0
挥发酚(以苯酚计)/(mg·L^{-1})	≤0.002	≤0.004
阴离子合成洗涤剂/(mg·L^{-1})	≤0.3	≤0.3
硫酸盐/(mg·L^{-1})	<250	<250
氯化物/(mg·L^{-1})	<250	<250
溶解性总固体/(mg·L^{-1})	<1 000	<1 000
氟化物/(mg·L^{-1})	≤1.0	≤1.0
氰化物/(mg·L^{-1})	≤0.05	≤0.05
砷/(mg·L^{-1})	≤0.05	≤0.05
硒/(mg·L^{-1})	≤0.01	≤0.01
汞/(mg·L^{-1})	≤0.001	≤0.001
镉/(mg·L^{-1})	≤0.01	≤0.01
铬(六价)/(mg·L^{-1})	≤0.05	≤0.05
铅/(mg·L^{-1})	≤0.05	≤0.07
银/(mg·L^{-1})	≤0.05	≤0.05
铍/(mg·L^{-1})	≤0.000 2	≤0.000 2
氨氮(以氮计)/(mg·L^{-1})	≤0.5	≤1.0
硝酸盐(以氮计)/(mg·L^{-1})	≤10	≤20
耗氧量(KMnO$_4$法)/(mg·L^{-1})	≤3	≤6
苯并(α)芘/(μg·L^{-1})	≤0.01	≤0.01

续表

项 目	标 准 限 值	
	一 级	二 级
滴滴涕/($\mu g \cdot L^{-1}$)	$\leqslant 1$	$\leqslant 1$
六六六/($\mu g \cdot L^{-1}$)	$\leqslant 5$	$\leqslant 5$
百菌清/($mg \cdot L^{-1}$)	$\leqslant 0.01$	$\leqslant 0.01$
总大肠菌群/(个·L^{-1})	$\leqslant 1\,000$	$\leqslant 10\,000$
总 α 放射性/($Bq \cdot L^{-1}$)	$\leqslant 0.1$	$\leqslant 0.1$
总 β 放射性/($Bq \cdot L^{-1}$)	$\leqslant 1$	$\leqslant 1$

3）全面考虑、统筹安排、综合利用

水是关系到国民经济各部门的重要资源,在水源的规划、设计以及开发利用过程中必须始终贯彻全面考虑、统筹安排、综合利用的原则。协调与其他经济部门,如农业、水力发电、航运、水产、旅游、排水等的关系,正确处理各种用水的相互关系,尽量做到一水多用。水源选择要密切结合城市近、远期规划和发展布局,从整个给水系统的安全和经济来考虑。给水水源的选择对给水系统的布置形式有重要的影响,应根据技术经济的综合评定认真选择水源。选择水源时还应考虑取水工程本身与其他各种条件,如当地的水文地质、工程地质、地形、人防、卫生、施工等方面的条件。

4）优先选用地下水

如果采用单水源供水,则优先考虑地下水,不仅饮用水要优先选用地下水,在水质、水量能满足工业企业生产时,也应首先考虑以地下水作为供水水源。当城市有多种天然水源时,应首先考虑水质较好的净化简易的水源作供水水源或考虑多水源分质供水。符合卫生要求的地下水,应优先作为生活饮用水水源,按照开采条件和卫生条件,选择地下水源时,通常按泉水、承压水(或层间水)、潜水的顺序。

5）地下水与地表水联合使用

一是对一个地区或城市和各用水户,根据其需水要求的不同,分别采用地下水和地表水作为各自的水源;二是对各用水户的水源采用两种水源交替使用,在河流枯水期引地表水困难时或洪水期河水泥沙多而难以使用时,可改用抽取地下水作为供水水源。国内外的实践证明,这种联合使用的供水方式,不仅可同时发挥各种资源的供水能力,而且可降低整个给水系统的投资,还可加强给水系统的安全可靠性。

6）保证安全供水

为了保证安全供水,大中城市应考虑多水源分区供水,小城市也应有远期备用水源。在无多个水源可选时,应结合远期发展,设两个以上取水口。

在水源地选择方面,应着重对原水水质进行分析,按照长期监测的水质指标进行连续采样分析。

根据某水厂 1999—2010 年度月检测值的原水水质分析统计表中一些关键水质指标作了

统计分析(图 2-3),结果表明:

(1) 原水浊度较低,平均值为 14.6 NTU,最大值为 270 NTU,最低值为 0.3 NTU;

(2) 色度有时偏高,平均值为 16 度,最大值达 45 度,最低值为 2 度;

(3) pH 值较高,平均值为 8.0,最高值为 9.3,最低值为 7.2;

(4) 氨氮有时略高,平均值为 0.30 mg/L,最高值为 1.49 mg/L,最低值为 0.02 mg/L,其中最高值出现在个别年份的冬季;

(5) COD_{Mn} 较高,平均值为 4.4 mg/L,最高值为 11.32 mg/L,最低值为 2.16 mg/L;

(6) 溶解氧平均值为 8.36 mg/L,最高值为 12.90 mg/L,最低值为 2.48 mg/L;

(7) 总铁平均值为 0.29 mg/L,最大值为 1.79 mg/L,最低值为 0.03 mg/L;

(8) 总硬度平均值在 101~119 mg/L 之间,最大值为 170 mg/L,最低值为 79 mg/L;

(9) 总碱度不高,平均值为 77.5 mg/L,最大值为 114 mg/L,最低值为 40 mg/L。

据此,原水浊度低、碱度不高、色度有时偏高、溴化物含量较高并存在一定有机污染物(主要表现在 COD_{Mn} 较高),此外,统计资料表明原水总磷和总氮有超标现象,说明原水存在富营养化,另外,水厂有季节性藻类。

另外,分阶段统计数据表明,1999—2006 年之间原水水质浊度平均值为 9.1 NTU,色度为 16 度,COD_{Mn} 为 4.57 mg/L;2007—2010 年之间原水水质浊度平均值为 26 NTU,色度为 15 度,COD_{Mn} 为 4.17 mg/L,以上数据可以看出,两阶段原水水质变化不大,COD_{Mn} 在 2007—2010 年之间均值略有下降。

依据水厂 1999—2010 年度月检测值的出水水质分析统计表中一些关键水质指标作了统计分析(图 2-3),结果表明:

(1) 浊度平均值为 0.6 NTU,最高达到 3 NTU,最低值为 0.1 NTU;

(2) 色度均能控制在 15 度以下,平均值为 2.4 度;

(3) 出水的铁、锰值较低,其中锰小于 0.04 mg/L,铁在 0.26 mg/L 以下;

(4) 氨氮除个别月份在 0.7~1.25 mg/L 之间,其余均在 0.5 mg/L 以下;

(5) COD_{Mn} 平均值为 2.7 mg/L,但有些月份在 4~5 mg/L 之间;

(6) 出水的 pH 值在 7.1~7.7 之间;

(7) 出水总碱度平均值为 66.4 mg/L。

分阶段统计数据表明,1999—2006 年之间出厂水水质:浊度平均值为 0.69 NTU,色度为 3 度,COD_{Mn} 为 3.0 mg/L;2007—2010 年之间出厂水水质浊度平均值为 0.32 NTU,色度为 0.5度,COD_{Mn} 为 2.13 mg/L。氨氮自 2008 年以后检测值均低于 0.5 mg/L。以上数据可以看出,在 2007—2010 年之间出厂水浊度、色度、COD_{Mn} 的均值均有下降,说明水厂自 2006 年完成部分常规处理构筑物的技术改造以后,运行效果有所改善,处理能力逐步提高,出厂水水质呈逐渐变好的趋势。但是由于采用了预氯化+后氯化工艺,因此在个别季节存在消毒副产物超标的风险。

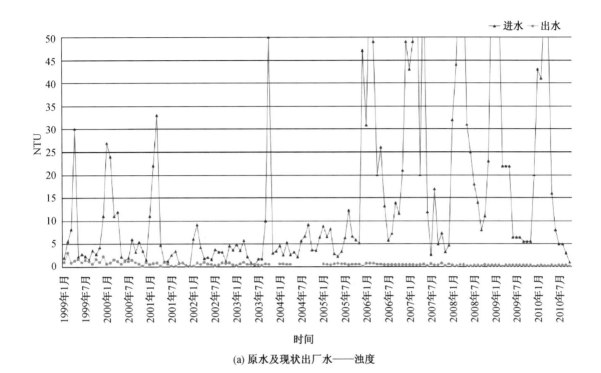

(a) 原水及现状出厂水——浊度

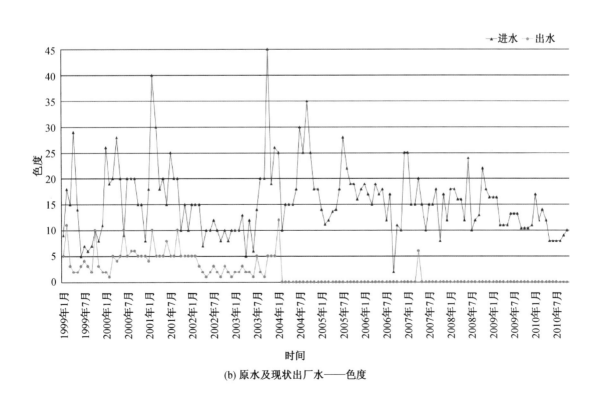

(b) 原水及现状出厂水——色度

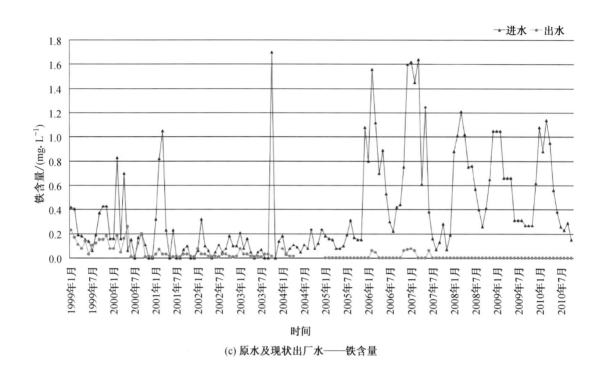

(c) 原水及现状出厂水——铁含量

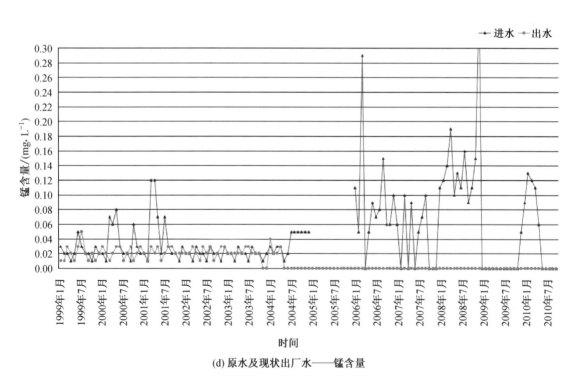

(d) 原水及现状出厂水——锰含量

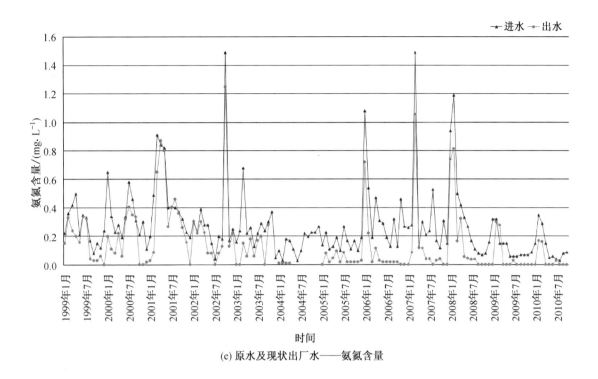

(e) 原水及现状出厂水——氨氮含量

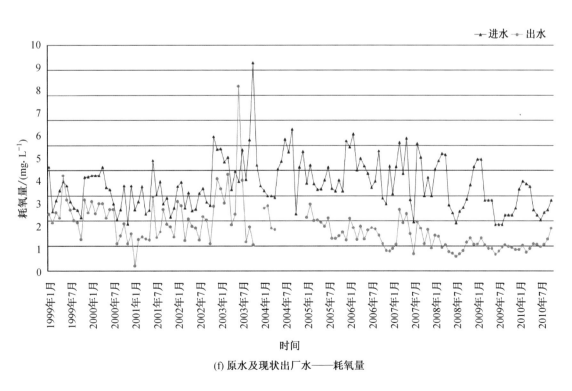

(f) 原水及现状出厂水——耗氧量

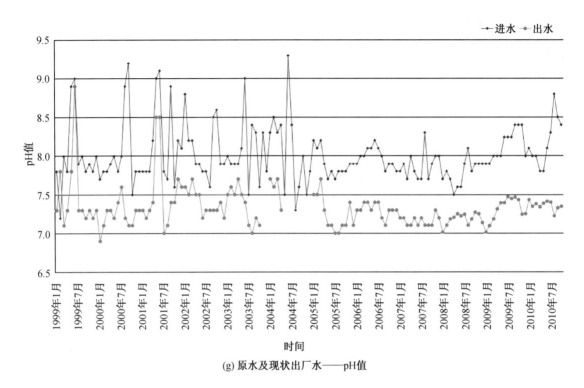

(g) 原水及现状出厂水——pH值

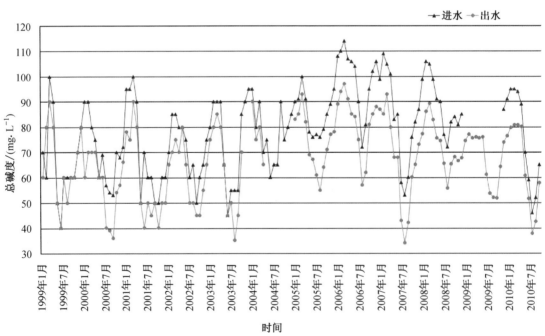

(h) 原水及现状出厂水——总碱度

图 2-3　某水厂原水及出水水质

数据表明,限于目前处理构筑物的净水能力,水厂目前的出水水质对照《生活饮用水卫生标准》(GB 5749—2006),其出水感官性状和一般化学指标与标准值存在较大差距,主要表现为浊度和 COD_{Mn} 等,其中 COD_{Mn} 为水厂出厂水常规考核指标之一。

3. 厂址选择

(1) 水厂应选择在工程地质条件较好的地方。一般选在地下水位低、地基承载力较大、湿陷性等级不高、岩石较少的地层,以降低工程造价和便于施工。

(2) 水厂应尽可能选择在不受洪水威胁的地方,否则应考虑防洪措施。

(3) 水厂周围应具有较好的环境卫生条件和安全防护条件,并考虑沉淀池、料泥及滤池冲洗水的排出方便。

(4) 水厂应尽量设置在交通方便,靠近电源的地方。

(5) 水厂选址要考虑近远期发展的需要,为新增附加工艺和未来规模扩大发展留有余地。

(6) 当取水地点距离用水区较近时,水厂一般设置在取水设施附近,通常与取水设施设置在一起。当取水地点距离用水区较远时,厂址有两种选择:一种是将水厂设在取水设施近旁;二是将水厂设在离用水区较近的地方。

4. 输水管网

城市用水经过自来水厂处理之后,还需要敷设输水管网将水输送到终端用户。管网的规划布置一般有两种形式,即树状管网和环状管网。树状管网投资较省,但供水安全性较差。环状管网的配水干管与支管均呈环状布置,形成多个闭合环。环状管网供水可靠,管网中无死端,保证了水经常流动,水质不易变坏。

给水工程中向用户输水和配水的管道系统由管道、配件和附属设施组成。附属设施有调节构筑物(水池、水塔)、给水泵站等。常用的给水管有铸铁管、钢管和预应力混凝土管。

从供水点(水源地或给水处理厂)到管网的管道一般不直接向用户供水,起输水作用,称输水管。管网中同时起输水和配水作用的管道称干管。从干管中分出向用户供水的管道起配水作用,称支管。消火栓一般接在支管上。从干管或支管接通用户的部分称用户支管,管上常设水表以记录用户用水量。

给水管网中适当部位设有闸阀。当管段发生故障或检修时,可关闭闸阀使它从管网中隔离出来,以缩小停水范围。闸阀应按需要设置,闸阀愈少,事故或检修时停水区域愈大。当管线有起伏,或管道架空过河时,在管道的隆起点需设排气阀,以免水流挟带的气体或检修时留在管道中的气体积聚,影响水流。在管道的低凹处常设排水阀,用以放空水管。

小型给水管网或大型给水管网的边缘地区,用水总量虽少,但流量变化较大,设置调节构筑物可降低管网造价和运行费用。大型管网的水头损失很大,致使管网起端和末端的压力相差悬殊,如在管网中适当地点设置增压泵站,可以减小泵站前管网的压力,降低输水能耗和费用,并改善管网运行条件。此外,在地面高程相差甚大的丘陵地区或山区,为均衡管网的水压,常按地形高低分区供水。低区管网和高区管网可以串联,在前者末端设置增压泵站以供应后者;也可以并联,同时从供水点向低区和高区管网供水。

在管网的线路布置完成后,要求通过计算确定各管段的管径、泵站扬程和扬水量以及水塔或水池的高程和容量等。管网计算中首先是用水量的分析和管道流量的分配,然后是管径的确定和水压的计算。计算不仅是一个水力学问题,而且是一个经济问题。管径小些,造价低了,但水头损失大了,要求的水压高了,泵站的电耗和运行费用也就高了。

环状管网的水压计算比树状管网复杂,需要采用平差方法。按照水力学原理,每个管环的水头损失代数和应等于零,如果不等于零,需要调整分配给管段的水量,反复迭代计算,直至符合要求。通过计算调整,避免了管环水头损失的代数和出现差额,故称管网平差。管网计算通常采用式(2-1):

$$h = 10.67 \frac{q^{1.852}}{C^{1.852} \times D^{4.87}} \times L \tag{2-1}$$

式中　　h——水头损失,m;

q——管道流量,m³/s;

L——管道长度,m;

D——管道口径,m;

C——阻力系数,采用130。

输、配水管均为地下隐蔽工程,施工难度和影响面大,因此,宜按规划期限要求一次建成。为结合近期建设,节省近期投资,有些输、配水管可考虑双管或多管,以便分期实施。给水工程中输水管道所占投资比重较大,因此城市输水管道应缩短长度,并沿现有或规划道路铺设,同时也便于维修管理。城市配水干管沿规划或现有道路布置既方便用户接管,又可以方便维修管理。但宜避开城市交通主干道,以免维修时影响交通。

输水管和配水干管穿越铁路、高速公路、河流、山体等障碍物时,选位要合理,应在方便操作维修的基础上考虑经济性。

水源选择、场站布局及管网系统示意如图2-4所示。

5. 工程规模

城市给水工程统一供给的用水量应根据城市的地理位置、水资源状况、城市性质和规模、产业结构、国民经济发展和居民生活水平、工业回用水率等因素确定。城市给水工程统一供给的综合生活用水量的预测,应根据城市特点、居民生活水平等因素确定。城市公共设施用地用水量应根据城市规模、经济发展状况和商贸繁荣程度以及公共设施的类别、规模等因素确定。城市工业用地用水量应根据产业结构、主体产业、生产规模及技术先进程度等因素确定。

《城市给水工程规划规范》(GB 50282—98)对城市给水工程统一供给的用水量预测指标做出了建议。《室外给水设计规范》(GB 50013—2006)对居民生活用水定额和综合生活用水定额做出了建议。《城市用水定额管理办法》(建设部国家计委以建城字第278号文)对用水定额制定与管理做出了规定。

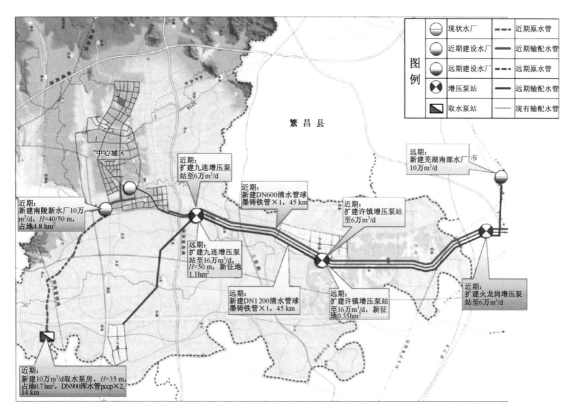

图 2-4 输水系统示意图

《城市居民生活用水量标准》(GB/T 50331—2002)将全国分为三个大区,同时按城市规模又划分为特大城市、大城市、中等城市和小城市四类,制定了相应的城市居民日常生活用水量指标(表2-2—表2-4)。

进行城市水资源供需平衡分析时,城市给水工程统一供水部分所要求的水资源供水量为城市最高日用水量除以日变化系数再乘以供水天数。各类城市的日变化系数可采用表2-5中的数值。自备水源供水的工矿企业和公共设施的用水量应纳入城市用水量中,由城市给水工程进行统一规划。

表 2-2 城市单位人口综合用水量指标 [万 m³/(万人·d)]

区域	城市规模			
	特大城市	大城市	中等城市	小城市
一区	0.8~1.2	0.7~1.1	0.6~1.0	0.4~0.8
二区	0.6~1.0	0.5~0.8	0.35~0.7	0.3~0.6
三区	0.5~0.8	0.4~0.7	0.3~0.6	0.25~0.5

注:表中用水人口为城市总体规划确定的规划人口数。指标为规划期最高日用水量指标,已包括管网漏失水量。

表 2-3　　　　　　　　　城市单位建设用地综合用水量指标　　　　　　[万 m³/(km²·d)]

区域	城市规模			
	特大城市	大城市	中等城市	小城市
一区	1.0～1.6	0.8～1.4	0.6～1.0	0.4～0.8
二区	0.8～1.2	0.6～1.0	0.4～0.7	0.3～0.6
三区	0.6～1.0	0.5～0.8	0.3～0.6	0.25～0.5

注:表中指标已包括管网漏失水量。

表 2-4　　　　　　　　　　人均综合生活用水量指标　　　　　　　　　[L/(人·d)]

区域	城市规模			
	特大城市	大城市	中等城市	小城市
一区	300～540	290～530	280～520	240～450
二区	230～400	210～380	190～360	190～350
三区	190～330	180～320	170～310	170～300

注:1. 表中用水人口为城市总体规划确定的规划人口数。指标为规划期最高日用水量指标。
　　2. 综合生活用水为城市居民日常生活用水和公共建筑用水之和,不包括浇洒道路与绿地、市政用水和管网漏失水量。

表 2-5　　　　　　　　　　　　　　　日变化系数

特大城市	大城市	中等城市	小城市
1.1～1.3	1.2～1.4	1.3～1.5	1.4～1.8

5. 工艺选择

结合水源水质状况、现有水厂的运行经验,净水工艺流程推荐选用"混合→絮凝→沉淀→过滤→消毒"常规处理工艺,同时考虑今后原水水质的变化和供水水质的提高,考虑预留原水预处理以及深度处理工艺接口,如图 2-5 所示。

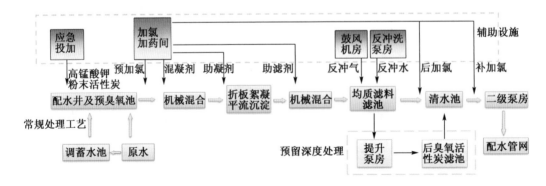

图 2-5　净水工艺流程图

2.3　地下给水工程设计

2.3.1　工艺流程确定

地下水厂的工艺选择对保证水质起到决定作用。由于我国大部分城市的原水水质不尽如人意,因而多数水厂开始在原水源头进行技术处理,以保证原水水质的相对稳定,其中最重要的是在取水泵站投加高锰酸钾,以便当原水出现藻类时能有效杀藻,以避免藻类进入水厂后影响制水系统的正常工作,同时还可以去除部分藻毒素。

在水厂净水工艺中包含了预处理、常规处理和深度处理三大工艺阶段,其中常用净水化学药剂为臭氧、混凝剂和氯,如图 2-6 所示为自来水工艺流程图。

预加臭氧主要是为了去除藻毒素,以及结合后续增加臭氧生物活性工艺的需要,替代原有预加氯的作用,同时还可以提高水中的溶解氧。

混凝、沉淀和砂滤的主要作用是去除浊度,以保障出水的感官指标达标。必要时投加助凝剂主要是为了改善混凝条件、减少混凝剂用量和提高沉淀效率。加助滤剂(品种同混凝剂)主要是改善过滤条件和提高过滤效率。设初滤水排放措施是为了防止滤池冲洗结束重新启动后初期出水浊度穿透,保证其出水浊度的稳定性。

有时原水中溴化物含量可能较高,因此存在投加臭氧后溴酸盐超标的风险。世界卫生组织推荐在臭氧氧化之前投加过氧化氢的方法,或当水中氨氮含量较低时投加适量氨(以水中含量不超 0.5 mg/L 为准)的方法,其作用原理就是减弱或掩蔽溴离子氧化的中间产物被臭氧和羟基自由基进一步氧化,来降低溴酸盐的生成机会,以达到控制溴酸盐生成量的目的。根据水厂生产实践中臭氧-活性炭处理工艺的经验,原水溴化物含量在 $100 \sim 400$ $\mu g/L$,氨氮在 $0.1 \sim 1.1$ mg/L,后臭氧水经过活性炭滤池后,出厂水溴酸盐浓度小于 10 $\mu g/L$,满足国家标准。通过对各工艺段的出水,以及各类水质指标与出厂水溴酸盐含量之间的关系研究表明,溴酸盐浓度的峰值出现在主臭氧后,随着臭氧投加量的增加或者原水氨氮的降低,出厂水中溴酸盐浓度呈增加的趋势。因此,设计考虑降低臭氧投加量,控制在 2 mg/L 以下,减少水中溴酸盐浓度。

后臭氧氧化及生物活性炭主要是为了进一步去除水中引起口感不适的微量有机物、色度、以及对人体长期健康安全带来影响的有害物质,如农药、藻毒素和环境激素等;提高氯消毒效率;同时还可以降低水中的可同化有机碳含量,提高出厂水的生物稳定性,减少消毒的氯投加量和提高口感,降低管网中细菌复生后出现二次污染的风险。

另外,臭氧-活性炭处理对微量有机物、消毒副产物前体物和氨氮等都有较好的去除作用,对提高水厂应对突发污染事件的能力也作用显著。

2.3.2　水厂主要构筑物设计

1. 取水构筑物

小型地下水取水构筑物一般分为水平和垂直两种类型,有时两种类型也可结合使用。

(1)垂直取水构筑物一般指管井、大口井等。

（2）水平取水构筑物一般指渗渠、集水管廊等。

（3）混合取水构筑物一般指辐射井、坎儿井和大口井与渗渠结合的取水构筑物。

正确选取取水构筑物类型对提高出水量、改善水质和降低工程投资影响较大。在工程设计时一般参照表 2-6 选用。

表 2-6 常用的地下水取水构筑物

| 形式 | 尺寸/mm | 深度/m | 中等城市 | | | | 出水量/(m³·d⁻¹) |
			地下水类型	地下水埋深/m	含水层厚度/m	水文地质特征	
管井	直径200～600	井深300以内	潜水、承压水、裂隙水、岩溶水	≤70	根据透水层而定	适用于砂、砾石、卵石及含水黏性土、裂隙、溶岩含水层	500～600
大口井	直径4 000～8 000	井深6～15	潜水、承压水	≤10	5～15	适用于砂、砾石、卵石，渗透系数≥20 m/d	500～10 000
辐射井	直径75～150	井深3～12	潜水	≤12	≥2	细、中、粗砂，砾石，不含漂石，弱透水层	5 000～50 000
渗渠	直径600～1 000	井深4～6	潜水	≤2	≥2	中、粗砂，砾石，卵石	5～20

大型取水构筑物一般按照其在给水系统中的作用、采取的水泵类型以及泵房的布置形式进行分类（表 2-7）。

表 2-7 给水泵房分类

分类方式	名 称	特 点
按泵房在给水系统中的作用	水源井泵房	为地下水的水源泵房。包括管井、深井泵房、大口井泵房、集水井泵房、潜水井泵房
	取水泵房	为地面水的水源泵房。可于进水间、出水闸门井合建或分建
	供水泵房	一般指水厂或配水厂直接将清水送入给水管网的泵房
	加压泵房	进行中途加压或提升的泵房
	调节泵房	根据运营调度调节水压的泵房
按水泵类型	卧式泵泵房 立式泵泵房 深井泵房	—
按泵房外形	矩形泵房 圆形泵房 半圆形泵房	—
按水泵层设置位置	地面式 半地下式 地下式 水下式	—

卧式取水泵房如图 2-7 所示。

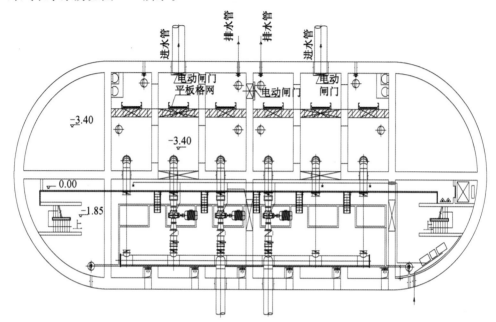

(a) 立式取水泵房平面图

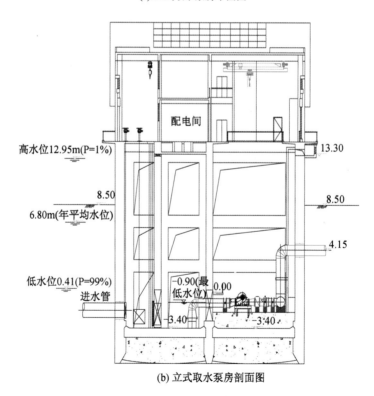

(b) 立式取水泵房剖面图

图 2-7 卧式取水泵房示意图

立式取水泵房如图 2-8 所示。

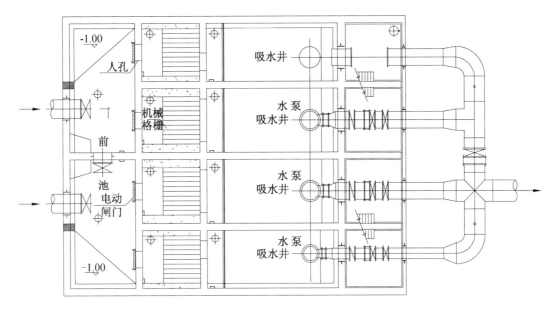

(a) 立式泵房平面布置图

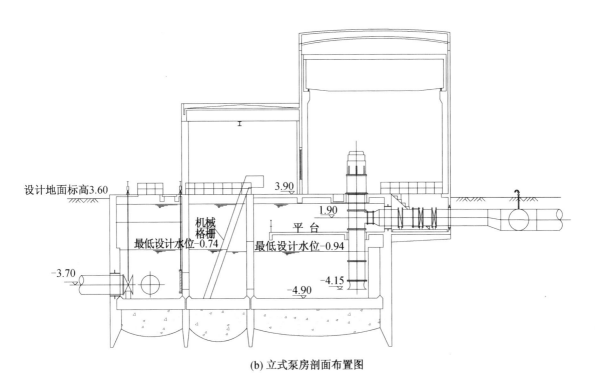

(b) 立式泵房剖面布置图

图 2-8　立式取水泵房示意图

二级泵房和吸水井有分建和合建两种形式。吸水井的个数根据水厂的规模确定。二级泵房内设有水泵,水泵的单机容量、扬程、台数往往根据管网的布置确定,以满足清水管网的要求。典型的二级泵房如图 2-9 所示,吸水井如图 2-10 所示。

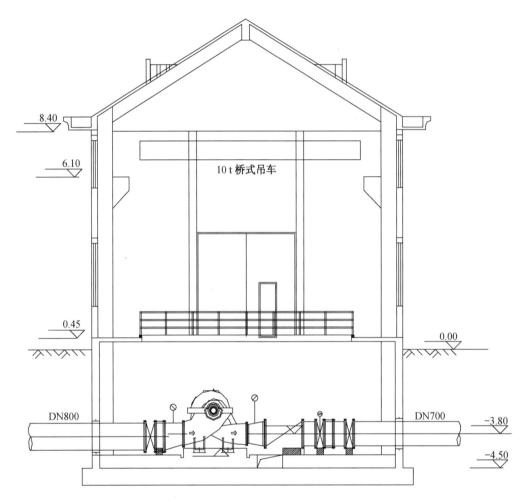

8.40

6.10

10 t 桥式吊车

0.45

0.00

DN800

DN700

-3.80

-4.50

图 2-9 二级泵房示意图

2. 沉淀池

沉淀池按其构造的不同可以布置成多种形式。按沉淀池的水流方向可分为竖流式、平流式和辐流式。竖流式沉淀池水流向上,颗粒沉降向下,池型多为圆柱形或圆锥形。辐流式沉淀池多用于高浊度水的预沉,池型一般采用圆形,池底做成倾斜,水流从中心流向周边,流速逐渐减小。平流沉淀池构造简单,池型为矩形,是最常用的沉淀池。

平流沉淀池的设计要点如下。

(1) 用于生活饮用水处理的平流沉淀池,沉淀出水浊度一般控制在 5 NTU 以下。

(2) 池数或分格数一般不少于 2 座。

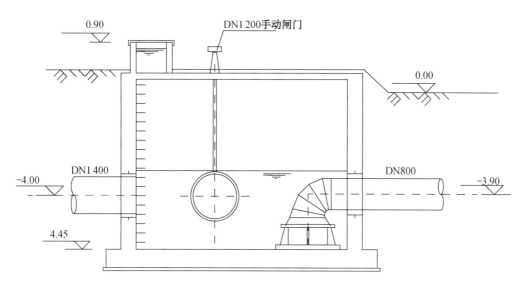

图 2-10　吸水井示意图

（3）沉淀时间根据原水水质和沉淀后的水质要求，通过试验或参考经验确定，一般采用 $1.0\sim3.0$ h。

（4）沉淀池内平均水平流速为 $10\sim25$ mm/s。

（5）有效水深一般为 $3.0\sim3.5$ m，超高一般为 $0.3\sim0.5$ m。

典型的平流沉淀池如图 2-11 所示。

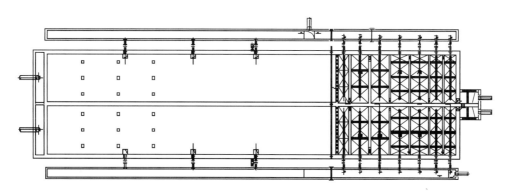

(a) 平流沉淀池平面布置图

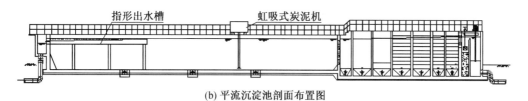

(b) 平流沉淀池剖面布置图

图 2-11　平流沉淀池示意图

3. 均质滤料滤池

均质滤料滤池的布置可分为单排布置和双排布置。就单池而言,又分为单格及双格布置。其设计要点如下。

（1）滤速:可采用较高的滤速,一般为 8～14 m/h。

（2）过滤周期:一般采用 24～48 h。

（3）滤层水头损失:一般采用 1.5～2.0 m。

（4）滤料:一般采用石英砂,滤料的厚度一般为 0.90～1.50 m,滤料级配 0.9～1.2 mm。

（5）承托层:厚度一般为 50～100 mm。

典型的均质滤料滤池如图 2-12 所示。

4. 清水池

清水池一般为地下构筑物,容量从 500 m³ 到 10 000 m³ 不等,主要根据水厂规模和泵站规模而定。典型的清水池如图 2-13、图 2-14 所示。

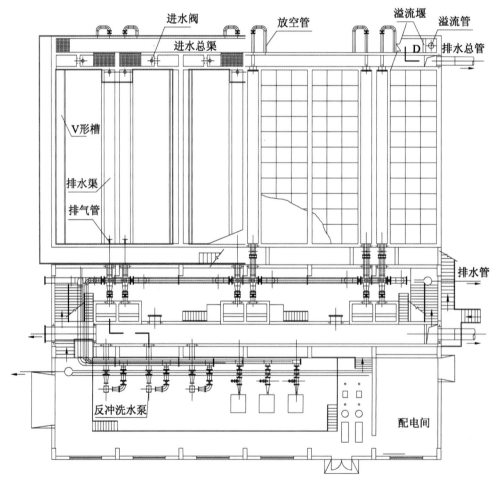

(a) 均质滤料滤池平面图

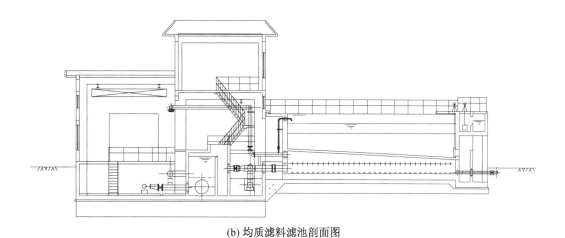

(b) 均质滤料滤池剖面图

图 2-12   均质滤料滤池示意图

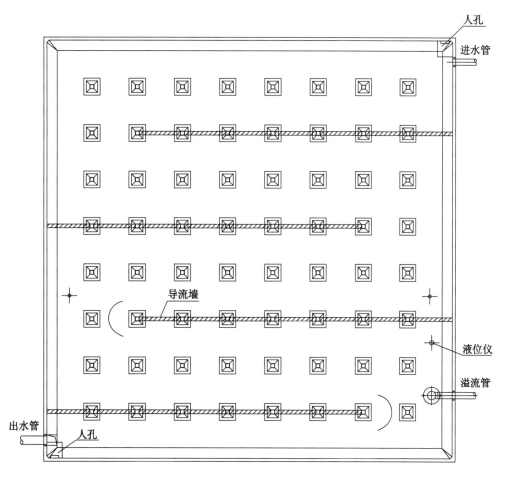

图 2-13   清水池平面示意图

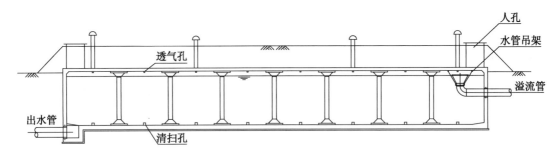

图 2-14 清水池剖面示意图

2.3.3 变电所设置和变配电系统

水厂一般设置 35 kV 变电所,两路 35 kV 电源进线,一用一备,电源和主接线能够满足水厂二级负荷的供电安全性要求,以保证水厂 6 kV 的电源需求。变电所内主变压器的负荷率约 93%,当一台变压器故障时,另一台可满足所有负荷的供电,能满足现阶段供水的用电需求。

根据水厂低压负荷分布情况,水厂设置 6/0.4 kV 变电所,分别设于各自供电范围内靠近负荷中心。结合提升泵房设置一座附设式变电所,另设置一座独立式,为整个水厂的 0.4 kV 设备配电。

厂内变电所均设有 6/0.4 kV 干式变压器两台,由两路 6 kV 电源供电,两路电源常用,互为备用。每座 6 kV 变电所的两路 6 kV 电源分别引自 35 kV 变电所 6 kV 侧不同段母排,6 kV 系统为带负荷开关的线路变压器组接线形式,变压器由 35 kV 变电所的 6 kV 馈线断路器保护。0.4 kV 系统均为单母线分段中间设联络的接线。

提升泵房 6/0.4 kV 变电所供电范围为新建配水井、平流沉淀池、砂滤池、提升泵房、冲洗泵房和鼓风机房、臭氧车间、污泥系统以及原有的二级泵房(低压设备)等单体。

独立式 6/0.4 kV 变电所内设置两台变压器,变压器负荷率约 65%。供电范围为综合楼、活性炭滤池、机修车间以及原有的平流沉淀池、加药间、加氯间和排泥水池等单体。

两座 6/0.4 kV 变电所内任一台变压器故障停运时,切除非生产性三级负荷,并合上低压联络开关,能保证必要的工艺生产负荷运行,满足工艺的供水能力要求。

厂区内各单体由两座 6/0.4 kV 变电所放射式配电。属于二级负荷的生产单体由双回路 0.4 kV 电源配电,且每路电源容量满足二级负荷的容量。属于三级负荷的小容量单体由一路 0.4 kV 电源供电,大容量的单体由两路 0.4 kV 电源供电,以满足供电距离和容量的要求。

2.3.4 自动化控制

1. 自动化控制要求

(1) 在线检测仪表根据工艺流程和水厂生产管理及自动化控制的要求配置。仪表选型遵循可靠性高、使用方便、安装及维护简单和价格合理的原则。

（2）采用被实践证明为成熟和稳定可靠的技术、硬件和软件。主干网络采用环形网络架构，对外通信链路有备用通道；服务器采用容错服务器或冗余配置服务器；监控计算机采用冗余设置等措施确保系统的可靠性、稳定性。

（3）采用国内外主流的软硬件平台和网络，各类软、硬件以模块化为原则进行设计。在不改变原有系统架构体系的前提下，增加设备和软件模块即可使系统能力得到纵向和横向的扩展，保护已有投资，实现系统的可扩展性和可维护性。

（4）采用操作权限分级、主要计算机和服务器配置核心防护软件系统应用保护、配置网络版防病毒软件、采用硬件防火墙等防护设备等措施；选用具备较强的校验、互锁、检错、纠错及自恢复功能的软件模块，开发的应用软件具有自诊断、防误操闭锁功能，从而确保系统自身和监控实施过程的安全性。

（5）结合管理体制和运行管理方式，从满足调度的总体需求出发，结合水厂实际情况，确定水厂控制原则，实现多级控制运行；从节能角度出发，通过制定合理的主要工艺设备控制模式和运行策略，最大限度地发挥节能设备的效率；从方便使用及操作管理和再开发角度出发，配置完善的人机接口，人机界面友好、直观、易于使用，并有联机帮助功能，使系统符合实际使用需求，具有实用性。

（6）在满足系统性能要求的前提下，选择主流、性价比高的产品，降低采购成本和日后设备维护费用；选择在业内广泛使用的成熟的商业化软件，降低系统集成商的开发成本；配置完善的供电、防雷、防静电和接地措施，保证硬件设备处于最优的工作状态，延长设备使用寿命，从而体现经济性。

2. 监控系统设计原则

监控系统按正常运行时现场无人或少人值守的原则设计。所有现场受控设备设三级控制：就地、现场 PLC 站和水厂中控室。监控系统技术指标包括以下三个方面。

1）生产工艺控制

砂滤池恒水位控制误差 $\Delta H \leqslant \pm 3.0$ cm；

出厂水压力的控制误差 $\Delta P \leqslant \pm 0.02$ MPa；

出厂水余氯控制误差 $\Delta Cl \leqslant \pm 0.1$ mg/L；

出厂水浊度的控制范围 $\Delta Tu \leqslant 0.02$ NTU；

出厂水 pH 的控制误差 $\Delta pH \leqslant \pm 0.2$；

72 h 无需人为干预，生产正常运行，出厂水质、水压、水量符合指标，设备正常运行。

2）SCADA 系统

平均无故障间隔时间 $MTBF > 20\ 000$ h；

可用率 $A \geqslant 99.8\%$；

平均恢复时间 $MTTR = 34$ h；

系统综合误差：$\sigma \leqslant 1.0\%$；

数据正确率 $I > 98\%$；

数据通信负载容量平均负荷 $a \leqslant 2\%$，峰值负荷 $A \leqslant 10\%$。

3）时间参数

主机的联机启动时间 $t \leqslant 2\ \text{min}$；

报警响应时间 $t \leqslant 3\ \text{s}$；

查询相应时间 $t \leqslant 5\ \text{s}$；

实时数据更新时间 $t \leqslant 3\ \text{s}$；

控制指令的响应时间 $t \leqslant 3\ \text{s}$。

3 地下排水工程规划与设计

3.1 地下排水工程概述

传统污水处理设施一般建设于地面之上,对于城中地上厂而言,污水厂在运行过程中所产生的噪声、臭气、污水、污泥等污染给周围居民身心健康带来不利影响。此外,厂区与周围住宅区、商业区之间需设置隔离带,在浪费土地资源、影响城市形象的同时,制约着周边地块的功能规划、土地价值以及城市发展。为解决城市污水处理与用地紧张之间的矛盾,地下式污水处理厂以其环境和谐的设计理念、绿色节能的环保技术成为解决城市污水问题的新选择。

国外地下空间的发展已经历了相当长的一段时间,城市地下大型排水及污水处理系统也取得了很好的发展。自从 1932 年芬兰开始建造地下污水处理厂以来,地下污水处理厂得到了缓慢的发展,但限于当时的技术条件,未能进一步发展。赫尔辛基作为芬兰的首都,位于波罗的海芬兰湾的北岸,在 20 世纪 70 年代初全市已建有 11 座污水处理厂。1984 年对污水系统进行改造,采取集中处理措施,使污水处理厂减为 7 座,1986 年完成了从赫尔辛基中心到维金麦基到南部芬兰湾的卡塔杰洛托长 8 km 的污水排海隧道。1992 年又将市区的污水厂合并为 3 座。到 1994 年建成维金麦基中心污水处理厂,从而改善了污水处理效果,使芬兰湾的污染大大减少。这座污水处理厂是芬兰最重要的环境项目。中心处理厂建在赫尔辛基市中心附近的维金麦基,厂址高于海平面,处理后的污水可靠重力通过地下隧道排到芬兰湾水下 20 m 处的海中,同时又可防止海水倒灌入处理厂。7 个主要的地下处理厂洞室宽 17~19 m,高 10~15 m,每个洞室由 10~12 m 宽的矿柱相隔。洞室的上覆岩层厚度从 0~25 m 不等(包太,2003)。

瑞典的大型地下排水系统,不论在数量上还是处理率上,都处于世界领先地位,瑞典排水系统的污水处理厂全在地下,仅斯德哥尔摩市就有大型排水隧道 200 km。拥有大型污水处理厂 6 座,处理率为 100%。在其他一些中、小城市,也都有地下污水处理厂,不但保护了城市水源,还使波罗的海免遭污染。斯德哥尔摩的 Bromma 污水处理厂就是一个典型的地下污水处理厂,服务 26 万人。最大的污水处理厂是 Henriksdal 污水处理厂,服务 75 万人,建在人口较为稀少的地区。其他的污水处理厂也是建在居民区中,但由于处理厂均处于地下并且是全封闭的,因此在臭气的收集和控制上有着潜在的优势。同时由于地下污水处理厂是不可见的,因此不会对自然景观产生影响,所以没有对周围居民的生活产生影响。污水处理厂的设计通常采用许多平行的洞室来进行水的净化,对于污水净化要求洞室长 300 m,过水断面达到 100 m²,每个洞室均可满足要求。在早期建立的地下污水处理厂中,这些池子的方向与岩体相垂直,因此限制了污水的净化效果。后期的设计已经对此进行了改进。污水的收集采用岩石隧洞,这不仅意味着污水排放处与处理厂距离可以最短,而且由于地下隧洞除了可以容纳从其他地区或未来将开发的地区来的污水,还可以平衡每天的高峰流量,在这方面节约了处理厂的费用。大多数污水隧洞的过水断面的岩壁和顶面没有衬砌,底部有一个 V 形的混凝土底板,对泵站所要求的倾斜度通常是 0.7%~1.0%。在泵站或其他有工作人员的地方,墙壁和顶板均有混凝土衬砌或者喷有一层混凝土,并且在隧洞的底部没有明显的裂隙存在。研究表明地下污水处理厂的工作环境能够满足工作人员的要求。

根据 2010 年德国联邦环保局的统计数据,德国的地下排水管道已长达 540 000 km,专门的雨水排水管道长 66 000 km。目前德国已建立了综合性的排水系统,每年可以处理 101 亿 m³ 的污水和雨水。地下排水管道分为污水雨水合流管道和污水雨水分流管道,既可以防止城市内涝,同时还可以蓄积雨水,以便利用。以慕尼黑为例,暴雨来临时,慕尼黑 13 个总容量达 70.6 万 m³ 的地下蓄水池(图 3-1)可暂时贮存雨水,成为暴雨进入地下管道之前的缓冲阀门,然后将雨水缓慢释放到地下排水管道,以确保进入地下设施的水量不会超过最大负荷。

图 3-1　德国慕尼黑市内地下蓄水池

日本神奈川县叶山镇污水处理厂,位于三浦半岛的西半部,三面有山,平地不多,沿着海岸线形成市区,沿海的平地有稠密的居民区,丘陵区是近郊的绿地和风景区,并且海域是旅游的资源和渔民谋生的场所,考虑到地形因素,并将污水处理厂对景观的影响控制在最小限度之内,该污水处理厂建成山中隧道式处理厂,隧道的最大开挖断面为 420 m² 的软岩地层,是日本国内最大的地下洞室。该污水处理厂是日本国内仅次于岛根县鹿岛镇污水处理厂的第二套污水处理设施。隧道式污水处理厂是日本下水道事业团应用道路隧道施工法而进行开发的。由于这种施工法把大部分处理设施都集中在隧道内,所以即使在平地面积较小的地区,也能够确保处理厂正常工作。该处理厂采用分流排放方式,排放地点为森户河支流大南乡河。

1970 年日本大幅修改了《下水道法》,明确规定了下水道建设目的,并决定每年投入大量预算用作污水收集和处理的建设及运营,并修建了大量的地下雨水调蓄设施,如图 3-2 所示。

图 3-2 日本地下雨水调蓄设施

韩国也兴建了大量的地下污水处理厂,建成的地下式污水处理厂消防设施齐全,除臭措施完善,除臭排风塔和观景平台合建,且高空排放,地下箱体顶部改建为公园及运动场所,厂区环境优美,如图 3-3 和图 3-4 所示。

图 3-3 韩国地下污水处理厂地上部分

图 3-4　韩国地下污水处理厂地下部分

　　上海污水一、二、三期工程是国内最大的污水截流、输送系统,总规模约达 560 万 m^3/d,占上海污水总量的 50% 以上。合流污水一期工程主要是截流苏州河地区污水,污水二期工程则是解决黄浦江上游污水,污水三期工程解决北部、东北部污水。合流污水工程建成后,加上西干线、南干线基本构成了市区排水系统的骨架。地下污水管道如图 3-5 所示。

图 3-5　上海合流污水干管

我国地下污水处理设施处于示范应用阶段。青岛高新区污水处理厂作为高新区城市规划的重要组成部分，既要满足城市发展污水处理的实际需要，又要考虑到第三代新城的和谐发展。在考虑众多条件之后，高新区污水处理厂在国内率先采用全地下双层加盖构筑物模式，建设规模为 $18 \times 10^4 \ m^3/d$（曹卫峰，2012）。

3.2 排水工程规划

从住宅、工厂和各种公共建筑中不断地排出各种各样的污水和废弃物，需要及时妥善地排除、处理或利用。在人们的日常生活中，盥洗、淋浴和洗涤等都要使用水，用后便成为生活污水。现代城镇的住宅，不仅利用卫生设备排除污水，而且随污水排走粪便和废弃物，特别是有机废弃物。生活污水中含有大量腐败性的有机物以及各种细菌、病毒等致病性的微生物，也含有为植物生长所需要的氮、磷、钾等肥分，应当予以适当处理和利用。

在工业企业中，几乎没有一种工业不需要用水。在总用水量中，工业用水量占有相当的比例。水经生产过程使用后，绝大部分成为废水。工业废水有的被热所污染，有的则夹带着大量的污染杂质，如酚、氰、砷、有机农药、各种重金属盐类、放射性元素和难于降解的有机合成化学物质，甚至还可能含有某些致癌物质等。这些物质多数是有毒有害的，但在某些情况下也是有用的，必须妥善处理或回收利用。

城市雨水和冰雪融水也需要及时排除，否则将积水为害，妨碍交通，影响人们的生产和日常生活，甚至危及人们的生命安全。

人们生产和生活中产生的大量污水，如不加控制，任意直接排入水体（江、河、湖、海、地下水）或土壤，使水体或土壤受到污染，将破坏原有的自然生态环境，以致引起环境问题，甚至造成公害。因为污水中总是或多或少地含有某些有毒、有害物质，毒物过多将毒死水中或土壤中原有的生物，破坏原有的生态系统，甚至使水体成为"死水"，使土壤成为"不毛之地"。而生态系统一旦遭到破坏，就会影响自然界生物与生物、生物与环境之间的物质循环和能量转化，给自然界带来长期的、严重的危害。污水中的有机物则在水或土壤中，由于微生物的作用而进行好氧分解，消耗其中的氧气。如果有机物过多，氧的消耗速度将超过其补充速度，使水体或土壤中氧的含量逐渐降低，直至达到无氧状态。这不仅同样危害水体或土壤中原有生物的生长，而且此时有机物将在无氧状态下进行另一种性质的分解——厌氧分解，从而产生一些有毒和恶臭的气体，毒化周围环境。为保护环境，避免发生上述情况，现代城市就需要建设一整套的工程设施来收集、输送、处理和处置污水，此工程设施就称之为排水工程。

3.2.1 排水系统规划

在城市和工业企业中通常会产生生活污水、工业污水和雨水。这些污水可以采用一套沟道系统或是采用两套或两套以上的各自独立的沟道系统来排除，污水的不同排除方式所形成的排水系统的体制,简称排水体制,又称排水制度。排水系统主要有合流制和分流制两种系统(戴慎志,1999)。

合流制排水系统是将生活污水、工业废水和雨水混合在同一套沟道内排除的系统,即污(废)水和雨水合一的系统。合流制又分为直排式和截留式。直排式直接收集污水排放水体,截留式则临河建造截流干管,同时在合流干管与截流干管相交前或相交处设置溢流井,并在截流干管下游设置污水处理厂。当混合污水的流量超过截流干管的输水能力后,部分污水经溢流井溢出,直接排入水体。分流制是污(废)水和雨水在两个或两个以上管渠排放的系统,有完全分流和不完全分流两种。完全分流制具有污水排水系统和雨水排水系统。污水系统收集生活污水和需要处理后才能排放的工业废水,其管道称污水管道。雨水系统收集雨水和冷却水等污染程度很低的、不经过处理直接排放水体的工业废水,其管道称雨水管道。不完全分流制未建雨水排水系统。在分流系统中还可以有污水和洁净废水的独立系统,以便于处理或回用。合流制系统造价低、施工容易,但不利于污水处理和系统管理。分流制系统造价较高,但易于维护,有利于污水处理。

降雨时截流的雨水量与污水量之比称截流倍数,其数值根据排放水体的水质要求而定,一般在 1~5 之间。截流倍数大,溢流量少,受水体污染较轻,但工程费用较大。反之,为了减少工程费用而采用较低的截流倍数,溢流次数较多,溢流量也大,水体污染较严重,造成隐患,且难于补救。因此,在选用截流倍数时,必须从工程投资、环境效益和社会效益几方面,统筹兼顾,全面考虑比较后,慎重选取。

虽然截流式合流系统的溢流井溢流并不频繁,全年平均泄放的污染量也是有限的,但还是会出现严重的污染情况。加上合流排水管道难免超过设计能力而溢流,满溢时就污染街面和庭院,故现在新建的城市排水系统基本上采用分流系统。

当已建成的合流系统的溢流造成不能容忍的污染时,还有一些补救措施可供选择。原则是减少溢流量或污染物量。经常冲洗街道,定期冲洗管道,养护或改建落底雨水口(也称截留井),经常清除集流系统中积存的污物,借以减少溢流挟带的污染物。有条件时可以建造雨水调蓄池(若利用洼地、池塘、湖泊调蓄时,要注意避免污染这些水体),待雨停后将调蓄的雨水抽送至截流管道中去。也可以在合流管道出水口或合流泵站出口处建造处理设施,经处理后的溢流雨水再泄入排放水体。国外还采用细格栅隔滤、微孔滤网过滤、高滤率池过滤、沉淀、气浮、离心分离和各种高一级的处理方法处理溢流。

城市污水与雨水径流不经任何处理直接排入附近水体的合流制称为直排式合流制排水系统(图 3-6),国内外老城区的合流制排水系统均属于此类。

由于污水对环境造成的污染越来越严重,必须对污水进行适当的处理才能够减轻城市污水和雨水径流对水环境造成的污染,为此产生了截流式合流制排水系统(图 3-7)。

截流式合流制是在直排式合流制的基础上,沿河修建截流干管,并在适当的位置设置溢流井,在截流主干管(渠)的末端修建污水处理厂。该系统可以保证晴天的污水全部进入污水处理厂,雨季时,通过截流设施,截流式合流制排水系统可以汇集部分雨水(尤其是污染重的初期

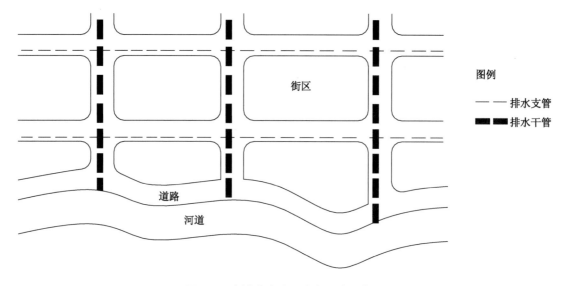

图 3-6　直排式合流制排水系统示意图

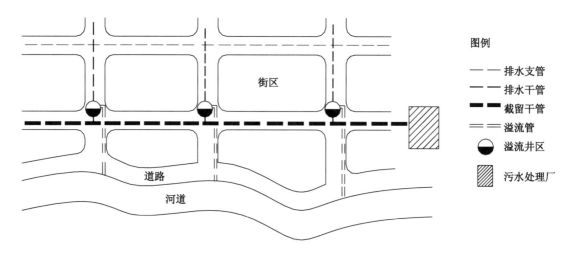

图 3-7　截流式合流制排水系统示意图

雨水径流）至污水处理厂,当雨、污混合水量超过截流干管输水能力后,其超出部分通过溢流井泄入水体。这种体制对带有较多悬浮物的初期雨水和污水都进行处理,对保护水体是有利的,但另一方面,如雨量过大,混合污水量超过了截流管的设计流量,超出部分将溢流到城市河道,不可避免会对水体造成局部和短期污染。并且,进入处理厂的污水,由于混有大量雨水,使原水水质、水量波动较大,势必对污水厂各处理单元产生冲击,这就对污水厂处理工艺提出了更高的要求。

　　近年来,国内外对雨水径流的水质调查发现,雨水径流特别是初降雨水径流对水体的污染相当严重,因此提出对雨水径流也要严格控制,在此基础上派生出截流式分流制排水系统。截流式分流制雨水排水系统与完全分流制的不同之处在于其具有把初期雨水引入污水管道的特殊设施。小雨时,雨水通过雨水管直接进入污水支管或污水干管,与污水一起进入污水处理厂处理。大雨时,雨水跳跃污水支管或污水干管排入水体。截流式分流制的关键是保证初期雨水进入污水支管或污水干管,中期以后的雨水直接排入水体,同时污水不能溢出泄入水体。截流式分流制排水系统如图 3-8 所示。

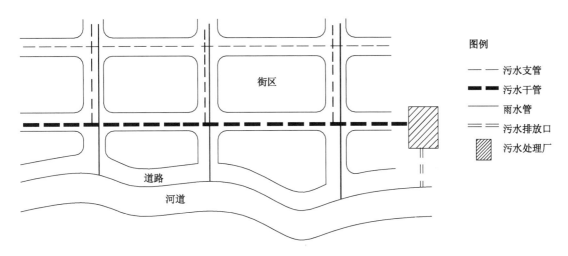

图例

― ― 污水支管
━ ━ 污水干管
―― 雨水管
= = 污水排放口
▨ 污水处理厂

街区

道路

河道

图 3-8　截流式分流制排水系统示意图

截流式分流制可以较好地保护水体不受污染,由于仅接纳污水和初期雨水,截流管的断面小于截流式合流制,进入截流管内的流量和水质相对稳定,亦减少污水泵站和污水处理厂的运行管理费用。不完全分流制只建污水排水系统,未建雨水排水系统,雨水沿着地面、道路边沟和明渠泄入水体。或者在原有渠道排水能力不足之处修建部分雨水管道,待城市进一步发展或有资金时再修建雨水排水系统。不完全分流制投资少,主要用于有合适的地形、有比较健全的明渠水系的地方,以便顺利排泄雨水。目前还有很多城市在使用,不过它没有完整的雨水管道,在雨季容易造成径流污染和洪涝灾害,所以最终还得改造为完全分流制。对于常年少雨、气候干燥的城市可采用这种体制,而对于地势平坦,多雨易造成积水的地区,不宜采用不完全分流制。分流制的优点是它可以分期建设和实施,一般在城市建设初期建造城市污水下水道,在城市建设达到一定规模后再建造雨水道,收集、处理和排放降水尤其是暴雨径流水。

在一个城市中,有时采用复合制排水系统,即既有分流制也有合流制的排水系统。复合制排水系统一般是在使用合流制的城市需要扩建排水系统时出现的。在大城市中,因各区域的自然条件以及修建情况可能相差较大,因地制宜地在各区域采用不同的排水体制也是合理的。如美国的纽约以及我国的上海等城市便是这种形式的复合制排水系统。我国在城市排水方面,一直以来偏重于污水处理技术研究,对城市排水体制方面的关注极少。科技进步对城市排水管网领域的推动作用不大,作为一个整体系统,城市排水管网领域的现代科学理论和技术已大大落后,与先进的城市污水处理理论与技术形成强烈的反差。在对待城市排水体制和雨水问题上,主要还停留在单纯"排放"的思考上,倾向于简单地靠分流制来解决点源污染的控制,而忽视雨水资源的保护利用与城市生态的关系,忽视雨水的排放和非点源污染的关系。另外,我国在有关城市排水管道的污染规律及雨水径流,合流制溢流污染控制的基础理论、工程规划与设计、管理与法规等方面几乎处于空白状态。实际上,仅靠分流制解决点源污染,隐患较多(吴志强,2010)。

3.2.2 污水系统布置

按污水来源分类,污水处理一般分为生产污水处理和生活污水处理。生产污水包括工业污水、农业污水以及医疗污水等,而生活污水就是日常生活产生的污水,是指各种形式的无机物和有机物的复杂混合物。

生活污水成分比较固定,主要含有碳水化合物、蛋白质、氨基酸、脂肪等有机物,比较适合细菌的生长,成为细菌、病毒生存繁殖的场所。但生活污水一般不含有毒性,且具有一定的肥效,可用来灌溉农田。农业废水的成分则多种多样,不同的季节,不同的地方,不同发展目标的村镇,其废水需要用不同的方法处理。在处理污水时,为减小污水排放量及其复杂程度,应结合国家正在大力推广的沼气池建设,将生活用水中的冲厕用水(黑水)和其他生活用水(灰水)分开。灰水用自然净化系统处理,黑水以及人畜粪便经厌氧沼气池处理,不但可以降低污水的排放量、复杂程度和处理费用,而且对发展农村清洁新能源,保护人居环境、促进农村经济社会的可持续发展等具有重要的意义。

污水处理站的作用是对生产、生活污水进行处理,使其达到规定的排放标准,是保护环境的重要设施。工业发达国家的污水处理站已经很普遍,而我国村镇的污水处理站很少,但今后会逐渐多起来。要使这些污水处理站真正发挥作用,还需要靠严格的排放制度、组织和管理体制来保证。

有条件的村庄,应联村或单村建设污水处理站,并应符合下列规定。

(1)雨污分流时,将污水输送至污水处理站进行处理。

(2)雨污合流时,将合流污水输送至污水处理站进行处理,在污水处理站前宜设置截流井,排除雨季的合流污水。

(3)污水处理站可采用人工湿地、生物滤池或稳定塘等生化处理技术,也可根据当地条件,采用其他有工程实例或经验成熟的处理技术。

人工湿地适合处理纯生活污水或雨污合流污水,占地面积较大,宜采用二级串联;生物滤池的平面形状宜采用圆形或矩形。填料应质坚、耐腐蚀、高强度、比表面积大、孔隙率高,宜采用碎石、卵石、炉渣、焦炭等无机滤料。地理环境适合且技术条件允许时,村庄污水可考虑采用荒地、废地以及坑塘、洼地等稳定塘处理系统。用作二级处理的稳定塘系统,处理规模不宜大于 5 000 m^3/d。

污水处理站的选址,应布置在夏季主导风向下方,村镇水体的下游,地势较低处,便于污水汇入污水处理站,不污染村镇用水,处理后便于向下游排放。它和村镇的居住区有一段防护距离,以减小对居住区的污染。如果考虑污水用于农田灌溉及污泥肥田,其选址则相应地要和农田灌溉区靠近,便于运输。医疗机构的污水必须进行严格的消毒处理,达到规定的排放标准后,才能排入污水管网,并应符合国家现行标准《医院污水处理设计规范》(CECS 07：2004)的有关规定。利用中水时,水质应符合国家现行标准《建筑中水设计规范》(GB 50336—2002)和《污水再生利用工程设计规范》(GB 50335—2002)的有关规定,并应设置开闭装置,在突发公共卫生事件时停止使用。污水处理站出水应符合国家现行标准《城镇污水处理厂污染物排放标准》(GB 18918—2002)的相关规定。污水处理站出水用于农田灌溉时,应符合国家现行标准《农田灌溉水质标准》(GB 5084—2005)的有关规定。污水处理与利用的方法很多,选择方案应考虑以下因素：①环境保护对污水的处理程度要求；②污水的水量和水质；③投资能力。

3.3 排水工程设计

3.3.1 水量水质的确定

排水工程中的管道设计流量按规划流量一次实施。污水厂及泵站等设施,应兼顾近远期流量。根据近远期实施周期、投资大小、远期实施的难易情况确定。一般比较深的构筑物土建按远期流量一次实施,设备按近期流量配置。

1. 雨水量的确定

设计暴雨强度,应按式(3-1)计算：

$$q = \frac{167A_1(1 + C\lg P)}{(t + b)^n} \tag{3-1}$$

式中　q——设计暴雨强度,L/(s・hm^2)；

　　　t——降雨历时,min；

　　　P——设计重现期,年；

　　　A_1, C, n, b——参数,根据统计方法进行计算确定。

设计重现期可按地区的重要性选用,一般为 1～3 年,重要地区可选 5 年或 5 年以上。地区综合径流系数,按地面的覆盖情况加权平均计算。地区集水时间,视汇水距离、地形、地面覆盖情况而定,一般取 5～15 min。

雨水量按式(3-2)计算：

$$Q_s = q\Psi F \tag{3-2}$$

式中　Q_s——雨水设计流量,L/s；

　　　q——设计暴雨强度,L/(s・hm^2)；

　　　Ψ——径流系数；

　　　F——汇水面积,hm^2。

2. 污水量的确定

排入城镇污水系统的污水总称城镇污水,由综合生活污水(包括居民生活污水及公共建筑污水)、工业废水和入渗地下水三部分组成。在部分系统中,还包括被截流的初期雨水。

1)居民生活污水量

$$Q_{d1} = \frac{qN}{1\ 000} \tag{3-3}$$

式中　Q_{d1}——平均日污水量,m³/s;

　　　q——生活污水定额,L/(人·d),可按用水定额的80%～90%计算,用水定额可按《室外给水设计规范》或当地污水规划确定;

　　　N——服务人口。

2)公共建筑污水量

公共建筑的污水量也可采用用水量的80%～90%计算。单位工业用地用水量指标见表3-1。

表3-1　　　　　　　　　　单位工业用地用水量指标　　　　　　[万 m³/(km²·d)]

用地代号	工业用地类型	用水量指标
M1	一类工业用地	1.20～2.00
M2	二类工业用地	2.00～3.50
M3	三类工业用地	3.00～5.00

注:本表指标包括了工业用地中职工生活用水及管网漏失水量,为最高日用水标准。

计算工业用地废水量时应注意,用地面积是指工业性质用地,而不是工业区用地,工业区用地面积中还包括工业区道路、水体和绿化等。

城市其他用地如仓储、对外交通、道路广场、市政公用设施用地、绿化、特殊用地的用水量,可按表3-2选用。

表3-2　　　　　　　　　　单位其他用地用水量指标　　　　　　[万 m³/(km²·d)]

用地代号	工业用地类型	用水量指标	用地代号	工业用地类型	用水量指标
W	仓储用地	0.20～0.50	U	市政公用设施用地	0.25～0.50
T	对外交通用地	0.30～0.60	C	绿地	0.10～0.30
S	道路广场用地	0.20～0.30	D	特殊用地	0.50～0.90

注:本表指标已包括管网漏失水量,为最高日用水标准。

3. 进、出水水质的确定方法

1)进水水质确定方法

城镇污水的设计水质应根据调查资料确定,按照邻近城镇、类似工业区和居住区的水质资料确定。常用的预测进水水质方法有3种。

（1）根据最临近地区已建污水处理厂近 2 年的进水水质确定。如是改扩建工程，则按老厂近 2 年的进水水质确定。

（2）根据周边相类似地区污水处理厂的设计和实际进水水质推算。

（3）根据规划水量中生活污水和工业废水的组成比例推算。生活污水参照我国各大城市的经验数值，按人均排出污染物的负荷，确定生活污水水质。工业废水按各地允许排入下水道的最高排放浓度计算。

2）出水水质确定方法

出水水质应根据环境影响评价报告确定的标准执行。如环境影响评价尚未进行，按尾水受纳水体功能和水域类别，查《城镇污水处理厂污染物排放标准》(GB 18918—2002)中的相关规定。

3.3.2 排水管渠和附属构筑物设计

1. 水力计算

设计重现期 P 的规定：

（1）高架道路及立交 $P \geqslant 3$ 年；

（2）地道敞开段 $P \geqslant 10$ 年；

（3）重要地区地面（如广场）$P = 3$ 年；

（4）一般地区地面 $P = 1$ 年。

2. 设计步骤

根据确定的设计方案，进行管道设计，主要步骤如下。

（1）在适当比例的地形图上，按地形并结合排水规划布置管道系统，划分排水区域。

（2）根据管道综合布置，确定干支线在道路（或规划道路）横断面和平面上的位置，确定水流方向及排水出路，根据小区接出口和雨水口的位置确定井位及每一管段长度，并绘制平面图。

（3）根据地形、干支管和一切交叉管线的现状和规划高程，确定起点、出口和中间各控制点的高程。

（4）根据设计数据，计算各管段的设计流量。

（5）进行水力计算，确定管道断面、纵坡及高程，并绘制纵断面图。合流管道水力计算方法同分流制中雨水管道的计算方法，按总设计流量设计，用旱季流量校核。

（6）进行构筑物的选用和设计时，一般优先选用标准图，特殊的专门设计。

3.3.3 泵站工艺设计

1. 站址选择和总平面布置

单独设置的泵站与周边设施的距离应满足规划、消防和环保部门的要求。

泵站室外地坪标高应按城镇防洪标准确定，室外地坪应比附近地坪高 0.1～0.3 m，并与周边道路接顺;泵房室内地坪应比室外地坪高 0.2～0.3 m;易受洪水淹没地区的泵站,其入口处设计地面标高应比设计洪水位高 0.5 m 以上;当不能满足上述要求时,可在入口处设置闸槽等临时防洪措施(以上措施为防止外面雨水进入,此时应注意站内雨水的排放)。

位于居民区和重要地段的污水、合流污水泵站,应设置除臭装置。

经常有人管理的泵站内,应设隔音值班室并配有通信设施。对远离居民点的泵站,应根据需要适当设置工作人员的生活设施。

泵站布置必须使进出水管水流顺畅。自灌式泵站应采用集水池与泵房合建。非自灌式泵站可采用集水池与泵房分建。

泵站内的道路布置应满足设备装卸、垃圾清运、操作人员进出方便和消防车通道的要求。泵站进口车行道与城市道路应衔接平顺。车行道的宽度应采用 4 m,转弯半径不宜小于 6 m,人行小路的宽度不宜小于 1.5 m。路面宜采用混凝土或黑色路面,道路等级宜按汽一 15 级设计。

2. 设计流量和设计扬程

污水泵站的设计流量,应按泵站进水总管的最高日最高时流量计算确定。雨水泵站的设计流量,应按泵站进水总管的设计流量计算确定。当立交道路设有盲沟时,其渗流水量应单独计算。

雨水泵的设计扬程,应根据设计流量时的集水池水位与受纳水体平均水位差和水泵管路系统的水头损失确定。污水泵和合流污水泵的设计扬程,应根据设计流量时的集水池水位与出水管渠水位差和水泵管路系统的水头损失以及安全水头确定。

国家规程污水泵站设计扬程的确定如表 3-3 所示。

表 3-3　　　　　　　　　　　　雨水泵站设计扬程　　　　　　　　　　　　　　(m)

① 集水池水位	② 排出水体水位	③ 水头损失	设计扬程
设计最高水位	水体低水位或平均低潮位	管路系统	②－①＋③＝最低扬程
设计平均水位	水体常水位或平均潮位	管路系统	②－①＋③＝平均扬程
设计最低水位	水体高水位或防汛潮位	管路系统	②－①＋③＝最高扬程

上海规程污水泵站设计扬程的确定如表 3-4 所示。

表 3-4　　　　　　　　　　　　污水泵站设计扬程　　　　　　　　　　　　　　(m)

① 集水池水位	② 出水管渠水位	③ 水头损失	设计扬程
设计最高水位	设计最小流量时出水管渠水位	管路系统	②－①＋③＋0.3＝最低扬程
设计平均水位	设计平均流量时出水管渠水位	管路系统	②－①＋③＋0.3＝平均扬程
设计最低水位	设计最大流量时出水管渠水位	管路系统	②－①＋③＋0.3＝最高扬程

上海规程合流污水泵站设计扬程的确定如表 3-5 所示。

表 3-5 合流污水泵站设计扬程 （m）

① 集水池水位	② 出水管渠水位	③ 水头损失	④ 设计扬程
设计最高水位	台水泵流量相应的出水井水位	管路系统	②－①＋③＋0.3＝最低扬程
设计平均水位	一半工作水泵流量相应的出水井水位	管路系统	②－①＋③＋0.3＝平均扬程
设计最低水位	全部工作水泵流量相应的出水井水位	管路系统	②－①＋③＋0.3＝最高扬程

雨水泵站和合流污水泵站集水池的设计最高水位,应与进水管管顶相平。设计平均水位应与进水管管道中心线标高一致。设计最低水位应与一台水泵流量相应的进水管水位一致。

污水泵站集水池的设计最高水位,应与进水管管顶相平。设计平均水位应采用设计平均流量时的进水管管渠水位。设计最低水位应与泵站进水管底相平。

当进水管为压力管时,集水井最高水位可高于管顶,但不得使管道上游地面冒水。应尽量避免出水接入压力管,以避免系统干扰。

3. 泵房分类

1) 干式泵房(采用干式泵)

(1) 合建式:水泵间与集水池合建,一般为自灌式。

(2) 分建式:水泵间与集水池分建,一般为非自灌式,可减少泵房深度,但需增加真空引水装置。

干式泵房如图 3-9 所示。

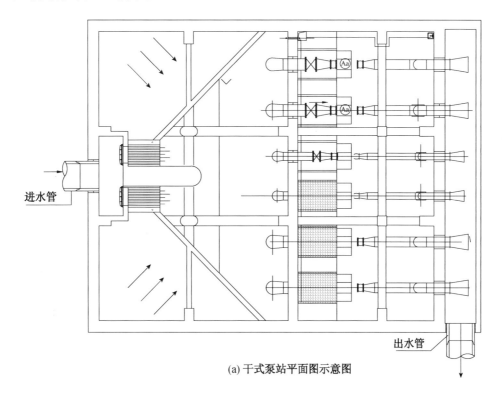

(a) 干式泵站平面图示意图

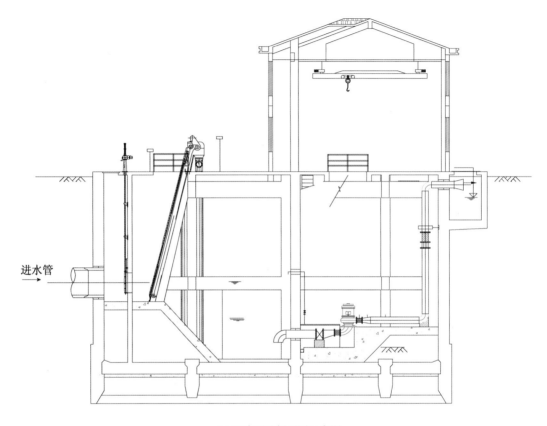

(b) 干式泵站剖面图示意图

图 3-9 干式泵房示意图

2) 湿式泵房，即潜水泵房

泵房可采用圆形或矩形，可根据用地情况、水泵台数等合理选用。湿式泵房如图 3-10 所示。

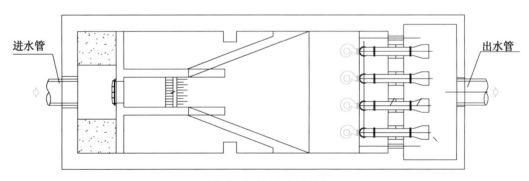

(a) 湿式泵房平面示意图

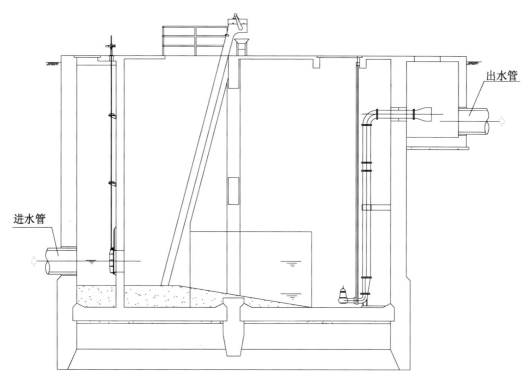

(b) 湿式泵房剖面示意图

图 3-10　湿式泵房示意图

4. 进水和配水设施

1) 进水管渠

泵房应采用中心正向进水,扩散角不应大于 40°,流速控制在 0.3~0.8 m/s,尽可能避免涡流,保持流速均匀、水流顺畅。进水管至泵房底部的坡度一般控制在 8°以内。

泵房应尽可能避免侧向进水或端部进水。如因用地等原因需采用侧向进水时,应增加配水措施,并通过水力模型试验改善进水条件。必要时,特大型雨水泵站和合流污水泵站宜通过水力模型试验确定进水布置方式;大中型宜通过数学模拟计算确定进水布置方式。当无条件正向进水时,中小型泵站应采取措施,改善进水水流条件。

泵站前宜设置事故排出口和检修闸门。污水泵站和合流污水泵站设置事故排出口应报市有关部门批准。

在雨水进水管沉沙量较多地区宜在雨水泵站集水池前设置沉沙设施和清砂设备。

2) 格栅

泵房的进水侧应设置机械除污设备。格栅井的设置,应根据泵站规模、水力要求、地形特点、施工条件等情况决定单独设置或附设在泵房内。

格栅的总宽度不宜小于进水管渠宽度的 2 倍,或格栅空隙有效总面积大于进水管渠有效断面的 1.2 倍。通过栅条间隙的流速宜为 0.6~1.0 m/s。

格栅井的宽度应比置于井内部分的设备宽度大 80~100 mm。格栅除污机平台的荷载：固定式应按设备总重量计算；移动式应以移动部分的总重量加配套设备作用在平台上的均布荷载计算。

格栅除污机的形式应根据泵站用途、规模、栅渣量、栅渣性质及泵站布置等因素综合考虑。

3）集水池

集水池的容积，一般应符合下列要求。

（1）污水泵站不应小于最大一台水泵 5 min 的出水量，当水泵机组为自动控制时，每小时开动水泵不得超过 6 次。污水中途泵站的中下游泵站应考虑停泵引起的壅水现象，可按调压塔原理复核。

（2）雨水泵站集水池的容积，不应小于最大一台水泵 30 s 的出水量。

（3）合流污水泵站不应小于最大一台水泵 30 s 的出水量。大型合流污水泵站集水池的面积，应按管网系统中调压塔原理复核。

（4）集水池内水泵吸水管应按中轴线对称布置，各水泵吸水互不干扰。大型以上泵站应设置导流墙，其位置宜通过水力试验确定。大型以上泵站和重要地区的中型雨水泵站、有盲沟渗流水的立交道路雨水泵站，集水池宜用隔墙分成两格，隔墙应设闸门。

（5）集水池的设计最低水位，应满足所选水泵吸水头的要求。自灌式泵房还应满足水泵叶轮浸没深度的要求。

（6）集水池池底应设集水坑，坑深宜为 500~700 mm，倾向坑的坡度不宜小于 10%。

（7）集水池应设冲洗装置，宜设清泥设施。

5. 泵房设计

1）水泵配置

水泵的选择应根据设计流量和所需扬程等因素确定，且应符合下列要求。

（1）水泵宜选用同一型号，台数不应少于 2 台，不宜大于 8 台。当水量变化很大时，可配置不同规格的水泵，但不宜超过两种，或采用变频调速装置，或采用叶片可调式水泵。

（2）污水泵房和合流污水泵房应设备用泵。当工作泵台数不大于 4 台时，备用泵宜为 1 台；当工作泵台数不小于 5 台时，备用泵宜为 2 台。潜水泵房备用泵为 2 台时，可现场备用 1 台，库存备用 1 台。雨水泵房可不设备用泵。立交道路的雨水泵房可视泵房重要性设置备用泵。

（3）选用的水泵宜满足设计扬程在高效区运行，在最高工作扬程与最低工作扬程的整个工作范围内应能安全稳定运行。2 台以上水泵并联运行合用一根出水管时，应根据水泵特性曲线和管路工作特性曲线验算单台水泵工况，使之符合设计要求。多级串联的污水泵站和合流污水泵站，应考虑级间调整的影响。

（4）水泵吸水管设计流速宜为 0.7~1.5 m/s。出水管流速宜为 0.8~2.5 m/s。

（5）非自灌式水泵应设引水设备，并均宜设备用泵。小型水泵可设底阀或真空引水设备。

（6）根据来水水质,采用不同的材质,以适应水质的要求。

（7）水泵布置宜采用单行排列。水泵机组基础间的净距不宜小于1.0 m,机组突出部分与墙壁的净距不宜小于1.2 m,主要通道宽度不宜小于1.5 m。

（8）配电箱前面通道的宽度,低压配电时不宜小于1.5 m,高压配电时不宜小于2.0 m。当采用在配电箱后面检修时,后面距墙的净距不宜小于1.0 m。

（9）水泵间与电动机间的层高差超过水泵技术性能中规定的轴长时,应设中间轴承和轴承支架,水泵油箱和填料函处应设操作平台等设施。操作平台的宽度不应小于0.6 m,并应设置栏杆。平台的设置应满足管理人员通行和不妨碍水泵装拆。

2）出水设施

（1）当2台或2台以上水泵合用一根出水管时,每台水泵的出水管上均应设置闸阀,并在闸阀和水泵之间设置止回阀。当污水泵出水管与压力管或压力井相连时,出水管上必须安装止回阀和闸阀等防倒流装置。雨水泵的出水管末端宜设防倒流装置,其上方宜考虑设置起吊设施。

（2）出水压力井的盖板必须密封,所受压力由计算确定。水泵出水压力井必须设透气筒,筒高和断面根据计算确定。

（3）敞开式出水井的井口高度,应满足水体最高水位时开泵形成的高水位,或水泵骤停时水位上升的高度。敞开部分应有安全防护措施,按调压塔原理计算。

（4）合流污水泵站宜设试车水回流管,出水井通向河道一侧应安装出水闸门或考虑临时封堵措施。

（5）雨水泵站出水口位址选择,应避让桥梁等水中构筑物(上海规范是应设在桥梁下游段,出水口和护坡结构不得影响航道,水流不得冲刷河道和影响航运安全,出口流速宜小于0.5 m/s,当河道较小时,要防止水流对河道对岸的冲刷,并取得航运、水利等部门的同意。泵站出水口处应设警示装置。

（6）出水管转弯角宜大于135°,转弯半径宜大于2倍管径,出水管较长时应设透气及排空装置。

6. 雨污水泵站设计注意事项

1）平面布置注意事项

（1）平面设计图应包括平面图、定位图、管线图,中小型泵站平面图和定位图可用一张图纸表示;应注明泵站地形图测绘部门及采用的比例;定位图中应注明采用城市坐标还是相对坐标,并注明对应的转换关系,若采用相对坐标,则坐标原点应同时标注城市坐标。

（2）雨污水泵站同周围环境和河道的距离,应符合规划与环保的要求,有规划批准的用地图资料,建筑应按照规划要求退建筑红线建设。进出水管线应顺畅。

（3）泵站的设计标高应注明高程系统,相对标高应注明0.00 m相当于绝对标高的相应高程关系。如无特殊要求,一般采用绝对标高。

（4）建(构)筑物的定位应准确,道路的宽度一般为3.5～4 m,转弯半径(内弧线)≥6 m,

道路的面层结构应明确形式道路的布置应满足消防通道的要求,不环通的道路必须设有回车道,站内道路应同站外市政道路接顺。

(5) 站内的消防应满足消规的要求,装有地上式消火栓,消火栓的位置不宜太靠近泵房间,进水管上应装有水表和闸门装置,并注明套用国家标准图集的名称和具体安装形式。

2) 泵房设计注意事项

(1) 水泵的平面布置间距,应满足设备的最小间距要求。导流墙的形式、长度、宽度以及底部防旋板的布置形式应满足水泵设备厂资料的要求。若泵房有上部建筑,则上部建筑的大门(宽度和高度)应能满足设备最大部件的运送进出。

(2) 泵房大门与泵站道路应接顺,接坡应满足设备的搬运进出方便。泵站道路的布置,应满足机械设备和电气设备安装的运输到位,车辆的进出方便。

(3) 桥式起重设备在泵房纵向的两端应满足设备的起吊要求,平面图中应表示出起重设备吊钩的最大活动范围。

(4) 雨水泵站的机械除污机栅条间隙,一般机械除污机采用 40～70 mm,人工格栅为60～80 mm;污水泵站的机械除污机栅条间隙,一般机械除污机采用 10～25 mm,人工格栅为 20～40 mm。除污机后面的皮带输送机或螺旋输送机长度应满足输送到垃圾桶或压榨机的位置。皮带输送机或螺旋输送机的安装位置不能影响操作人员的通行路线。

3.3.4　污水处理厂工艺设计

1. 厂址选择和总平面布置

1) 厂址选择原则

污水厂厂址的选择必须在城镇总体规划和排水工程专业规划的指导下进行,以保证总体的社会效益、环境效益和经济效益。

(1) 污水厂在城镇水体的位置应选在城镇水体下游的某一区段,污水厂处理后出水排入该河段,对该水体上、下游水源的影响最小;污水厂位置由于某些因素,不能设在城镇水体的下游时,出水口也应设在城镇水体的下游。

(2) 污水厂处理后的尾水是宝贵的资源,可以再生回用,因此污水厂的厂址要考虑便于再生回用。同时,排放口的安全性和尾水排放的安全性也相当重要。根据污泥处理和处置的需要,也应考虑方便污泥处理处置。因此,厂址应便于安全排放。

(3) 污水厂在城镇的方位,应选在对周围居民点的环境质量影响最小的方位,一般位于夏季主导风向的下风侧。

(4) 厂址的良好工程地质条件,包括土质、地基承载力和地下水位等因素,可为工程的设计、施工、管理和节省造价提供有利条件。

(5) 根据我国耕田少、人口多的实际情况,选厂址时应尽量少拆迁、少占农田,使污水厂工程易于上马。同时根据环境评价要求,应与附近居民点有一定的卫生防护距离,并以绿化隔开。

（6）厂址的区域面积不仅应考虑规划期的需要，还应考虑满足不可预见的将来扩建的可能。

（7）厂址的防洪和排水问题必须重视，一般不应在淹水区建污水厂，当必须在可能受洪水威胁的地区建厂时，应采取防洪措施。另外，有良好的排水条件，可节省建造费用。规定防洪标准不应低于城镇防洪标准。

2）总平面布置原则

（1）按照不同功能，分区布置，功能分明，并用绿化隔开。为减小占地，提高土地有效利用率，尽量采用集约化和组团式的布置形式，减小占地面积。如分期实施，应考虑分期工程的有机结合，便于分期建设，便于用地控制和运行管理。

（2）力求流程简捷、顺畅，进水点与系统总管接顺，出水点靠近排放口。

（3）鼓风机房、变配电间均应在主要负荷中心处，既节省投资及能耗，又便于管理。变配电间还应尽量靠近进线处。

（4）根据常年夏季主导风向，对全厂进行总图布置。建筑物尽可能南北向布置，变配电间避免开门朝西。考虑发生恶臭的处理构筑物，应置于常年风向下风，并进行必要的加罩脱臭处理。

（5）对扩建工程应尽可能减少对原有处理系统的影响，扩建阶段确保现有处理系统的正常运行。

2. 设计流量和高程设计

1）设计流量

分流制系统污水处理厂设计流量即为旱流污水量。合流制系统污水处理厂提升泵房、格栅、沉沙池，按合流设计流量计算；初次沉淀池按旱流污水量设计，用合流设计流量校核，校核的沉淀时间＞30 min；二级处理系统，按旱流污水量设计；污泥浓缩池、湿污泥池和消化池的容积以及污泥脱水规模，可按旱流情况加大 $10\% \sim 20\%$。需进行改造的污水处理厂的原有构筑物（特别是生物反应池）能力应按进出水水质重新核定。

2）高程设计

（1）选择距离最长、水头损失最大的流程进行水力计算，并适当留有余地，以保证在任何情况下，处理系统都能够正常运行。

（2）一般应以近期最大流量（或水泵的设计流量）计算水头损失。管渠和设备考虑远期流量时，应以远期最大流量作为设计流量，并适当考虑备用水头。

（3）水力计算应以接纳处理后尾水的水体最高水位作为起点，进行高程设计。

（4）应考虑到因维修等原因某组处理构筑物停止运行，而污水需经其他构筑物处理或超越的情况。

3. 污水处理主体工艺

A^2/O 系列工艺包括多种类型，如常规 A^2/O 工艺、改良 A^2/O 工艺、倒置 A^2/O 工艺和多模式 A^2/O 工艺等。

1) 常规 A^2/O 工艺

常规 A^2/O 工艺是在 A/O 工艺的基础上，前置了一个厌氧段。污水依次流经厌氧段、缺氧段和好氧段，可以达到同时去除有机物和脱氮除磷的目的。在 A^2/O 工艺运行状况下，丝状菌不易生长繁殖，因此基本上不存在污泥膨胀问题。A^2/O 工艺流程简单，总水力停留时间也比较短，并且不需要外加碳源，运行费用比较低。其缺点是除磷效果容易受泥龄、回流污泥中携带的溶解氧和硝酸盐的影响。如图 3-11 所示为常规 A^2/O 工艺流程图。

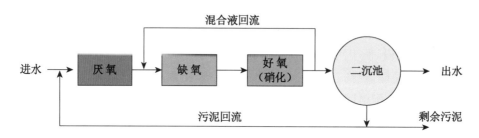

图 3-11 常规 A^2/O 工艺流程图

2) 改良 A^2/O 工艺

为了避免常规 A^2/O 工艺除磷效果受回流污泥中硝酸盐影响较大的缺点，产生了改良 A^2/O 工艺。改良 A^2/O 工艺在厌氧段之前增加了一个厌氧/缺氧调节池，来自二沉池的回流污泥和部分进水进入该池，微生物利用部分进水中的有机物对回流污泥中携带的硝酸盐进行反硝化，消除硝态氮对厌氧段的不利影响，保证聚磷菌在厌氧环境下充分释磷，从而有能力在好氧条件下过量摄磷。如图 3-12 所示为改良 A^2/O 工艺流程图。

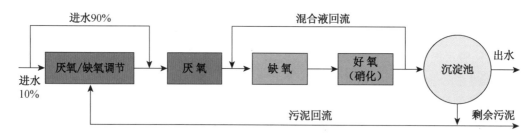

图 3-12 改良 A^2/O 工艺流程图

3) 倒置 A^2/O 工艺

倒置 A^2/O 工艺是国内最近自主研究推出的一种新的生物脱氮除磷工艺。该工艺与常规 A^2/O 工艺不同之处在于，在碳源较充分的条件下，将缺氧段置于厌氧段之前。回流污泥和部分进水进入缺氧段，微生物利用进水中的有机物将回流污泥中携带的硝态氮反硝化，消除其对厌氧段的不利影响后，进入厌氧段，保证了聚磷菌充分释磷和过量摄磷的外部条件，从而保证了脱氮除磷效果。此后国内又研究实践了污水分点进入厌氧区和缺氧区，较好地解决了碳源问题。

4) 多模式 A^2/O 工艺

多模式 A^2/O 工艺结合了常规 A^2/O 工艺和倒置 A^2/O 工艺二者的优点,使污水处理工艺可以根据进水水量水质特性和环境条件的变化,灵活调整运行模式,既可按常规的 A^2/O 法工艺运行,也可按倒置 A^2/O 法工艺运行,保证出水水质,在提高处理效果的基础上,保证工艺可靠性。如图 3-13 所示为多模式 A^2/O 工艺流程图。

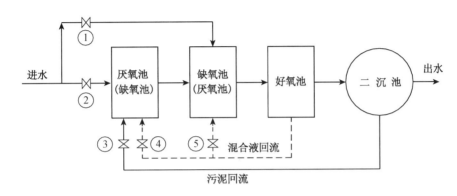

图 3-13 多模式 A^2/O 工艺流程图

多模式 A^2/O 工艺可以按以下两种模式运行。

模式 1——常规 A^2/O 工艺:关闭调节堰①和④,打开调节堰②、③和⑤,污水自调节堰②进入厌氧池,回流污泥自调节堰③进入厌氧池,混合液自调节堰⑤进入缺氧池,形成了常规 A^2/O 工艺。

模式 2——倒置 A^2/O 工艺:关闭调节堰⑤,打开调节堰①、②、③和④,50%~70%污水自调节堰①进入厌氧池,提供除磷所需碳源,30%~50%污水自调节堰②进入缺氧池,提供反硝化所需碳源,回流污泥从调节堰④进入缺氧选择池进行反硝化反应,去除其中的溶解氧及硝酸盐氮,然后再进入厌氧区,形成了倒置 A^2/O 工艺。这样可以保证厌氧区的厌氧效果,提高系统的除磷能力。

不同 A^2/O 工艺的优缺点比较如表 3-6 所示。

表 3-6   不同工艺优、缺点比较

名称	主要优点	主要缺点
常规 A^2/O 工艺	1. 常规 A^2/O 法是一种成熟的处理工艺,大部分设备可采用国内成熟产品; 2. 设立单独的厌氧区、缺氧区,可达到稳定的脱氮、除磷效果; 3. 采用鼓风曝气,供氧效率较高。鼓风机按曝气池溶解氧自控,易于控制。同时供氧量调节灵活; 4. 运行管理成熟可靠	1. 抗进水水质、水量的冲击负荷能力稍差; 2. 由于厌氧区居前,故外回流污泥中的硝酸盐对系统除磷产生不利影响; 3. 由于缺氧区位于厌氧区后,故反硝化在碳源分配上和缺氧区的脱氮稍为不利; 4. 由于内回流直接进入缺氧池,故部分剩余污泥未经历完整的放磷和吸磷过程,对系统除磷不利

续表

名　称	主　要　优　点	主　要　缺　点
倒置 A^2/O 工艺	1. 采取厌氧、缺氧区倒置,消除了外回流污泥中的硝酸盐对系统除磷产生不利影响; 2. 多点进水,合理分配碳源,有利于提高脱氮除磷的效果; 3. 由于内、外回流均进入厌氧池,故剩余污泥经历了较完整的放磷和吸磷过程; 4. 操作灵活,易于倒置 A^2/O 法和常规 A^2/O 法间的相互转化; 5. 倒置 A^2/O 法是对常规 A^2/O 法的改进,它具有常规 A^2/O 法的大部分优点	1. 抗进水水质、水量的冲击负荷能力稍差; 2. 工艺流程较常规 A^2/O 法复杂,需考虑多点进水的配水设计; 3. 由于内、外回流均经厌氧区,相对降低了厌氧区的实际停留时间; 4. 倒置 A^2/O 法是对常规 A^2/O 法的改进,但实际运行经验没有常规 A^2/O 法丰富
多模式 A^2/O 工艺	1. 运行方式灵活,可以根据进水水质的变化,运用不同运行模式来保证处理效果。提高污水处理的稳定性; 2. 兼顾了常规 A^2/O 工艺和倒置 A^2/O 工艺的大部分优点,并能有效避免其他 A^2/O 工艺存在的问题	1. 工艺流程相对复杂,需考虑多点进水的合理分配; 2. 系统运行调整相对复杂

3.3.5　曝气控制系统方案

曝气系统的能耗是污水处理厂的主要能耗之一,为了降低鼓风机电耗、稳定生反池出水水质、提高污水处理厂的自动化管理水平,往往需要设置一套高度集成的精确曝气分配与控制系统,使生反池内的溶解氧浓度可以稳定地控制在所需设定值。

精确曝气分配与控制系统主要包括菱形调节阀、热式流量计和现场控制系统等。污水处理厂运行过程中采用该系统可以实现以下六个目的。

（1）稳定控制生反池中的溶解氧浓度,提高生化处理效率,保证出水达标;

（2）解决生反池曝气不均衡的问题,合理分配气量,大大减少了阀门及鼓风机的调节频率,控制鼓风机在稳定的功率下供气,保障曝气系统的安全稳定运行;

（3）提高污水厂的自动化控制水平,实现污水厂最重要过程参数溶解氧浓度的可控,保证实施运行后实现完全自动化控制;

（4）缩短污水处理厂的工艺运行调试时间,有利于工艺的运行调试和工艺恢复帮助;

（5）显著提高污水处理厂的抗负荷冲击能力;

（6）降低污水厂工作人员的劳动强度,提高污水厂的运行效率。

精确曝气分配与控制系统的控制方式为:根据上位机提供的溶解氧设定值、现场仪表测量的溶解氧实际值、自带的空气流量计的测量值和就地控制系统的计算值,精密调控菱形调节阀的开启度,合理分配各曝气区域的曝气气体流量,实时动态满足每一曝气区域的溶氧需求,不受水质水量的变化与影响,使溶解氧精确稳定控制在设定值附近,保证生反池安全稳定运行,保障出水水质达标可控,同时达到最经济的气体供应与分配,实现曝气系统节能的目的。

4　地下电力工程规划与设计

4.1 地下电力工程概述

电力工程作为能源的一种形式,电能有易于转换、运输方便、易于控制、便于使用、洁净和经济等许多优点。自 19 世纪 80 年代以来,电力已逐步取代了作为 18 世纪产业革命技术基础的蒸汽机,成为现代社会人类物质文明与精神文明的技术基础。

随着城市化进程以及城市的发展,土地成为重要的稀缺资源。传统的变电站、输电线路占用了大量的土地(图 4-1),并且逐步向城市乃至城市中心逼近。同时,伴随着城市化进程以及城市扩张,电力基础设施建设与城市发展的矛盾将日益突出,按传统方式建设的变电站、输电线路等越来越难以进入城市。因此,城市的发展要求电力基础设施建设模式也要相应地发展,而利用城市地下空间建设电力及能源基础设施是其中一种有效的途径,这已为实践所证明。

图 4-1 室外变电站

全地下变电站主建筑物建于地下,主变压器及其他主要电气设备均装设于地下建筑内,地上只建有变电站通风口和设备、人员出入口等少量建筑,以及有可能布置在地上的大型主变压器的冷却设备和主控制室等。半地下变电站以地下建筑为主,主变压器或其他主要电气设备部分装设于地下建筑内。

日本国土狭小,人口密度较大,东京、大阪等人口密集的大城市纷纷兴建了地下或半地下变电站(图 4-2)。日本东京电力公司从 1960 年开始就建设了最早的 154 kV 地下变电站。截至 2003 年 3 月,东京电力公司所辖的各电压等级的地下变、配电站共 202 座,其中 500 kV 地下变电站 1 座,275 kV 地下变电站 14 座。

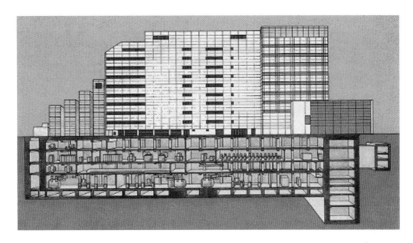

图 4-2　日本地下变电站

1987 年上海兴建的第一座地下变电站——35 kV 锦江变电站建成投运。1992 年为地铁 1 号线配套的 110 kV 上海体育馆和 110 kV 人民广场地下主变电站建成投运。1993 年，220 kV 人民广场地下变电站建成投运。最具代表性的地下变电站当属上海 500 kV 静安（世博）输变电站，该地下变电站位于上海市静安区成都北路、北京西路、山海关路和大田路围成的区域之中，地处城市中心 CBD 地带，场址占地面积约 4.5 万 m^2。地下变电站采用钢筋混凝土筒形结构体系，全地下布置，共地下四层，如图 4-3 所示，地面部分是静安雕塑公园。工程基坑开挖直径 130 m，开挖深度 34 m，顶板落深场地自然地坪 2 m。工程采用逆作法进行施工。与地下变电站连同的世博电力隧道全长 15.34 km，沿线设置 14 座工作井。其中隧道段采用内径 5.5 m 盾构（约 8.84 km 长）和内径 3.5 m 顶管（约 6.14 km 长），如图 4-4 所示。

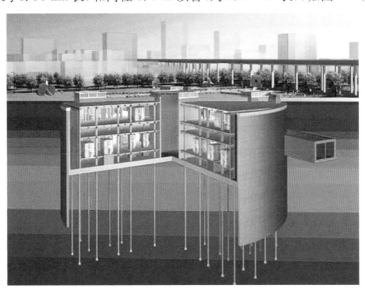

图 4-3　上海静安地下变电站

图 4-4　世博电力隧道

然而,地下变电站投资巨大,建设难度较大,需要通过不断优化设计减少变电站地下空间体积,通过与地面建筑联合建造降低总体建设成本,才能使地下变电站有应用和发展的空间。

4.2　电力工程规划

4.2.1　城市供电工程规划原则

城市供电工程规划是城市总体规划的重要组成部分,也是城市电力系统规划的重要组成部分,应结合城市总体规划和城市电力系统规划进行,并符合其总体要求。

城市供电工程规划编制期限应与城市规划相一致。规划期限一般分为近期 5 年,远期 20 年,必要时,还可增加中期期限。

城市供电工程规划编制阶段可分为供电总体规划和供电详细规划两个阶段。大、中城市可以在供电总体规划的基础上,编制供电分区规划。

城市供电工程规划应做到新建与改造相结合,远期与近期相结合,供电工程的供电能力能适应远期负荷增长的需要,结构合理且便于实施和过渡。

发电厂、变电所等城市供电工程的用地和高压线路走廊宽度的确定,应按城市规划的要求,节约用地,实行综合开发,统一建设。

城市供电工程设施规划必须符合环保要求,减少对城市的污染和其他公害。同时应当与城市交通等其他基础设施工程规划相结合,统筹安排。

4.2.2 城市供电工程规划内容与深度

对每一个城市而言,供电工程设施规划包括的内容是不完全一样的。由于它们的具体条件和要求不尽相同,所以必须根据每个城市的特点和城市总体规划深度的要求来作规划。根据城市规划的不同阶段,其供电工程设施规划内容与深度有以下不同要求。

1. 城市供电工程总体规划内容与深度

城市供电工程系统总体规划的主要内容为

(1)确定城市供电电源的种类和布局。

(2)分期用电负荷的预测及电力的平衡。

(3)城市电网电压等级和层次的确定。

(4)城市电网中的主网布局及其变电所的所址选择、容量及数量的确定。

(5)35 kV及以上高压线路走向及其防护范围的确定。

(6)绘制市域和市区电力总体规划图。

(7)提出近期电力建设项目及进度安排。

2. 城市供电工程总体规划图纸

(1)城市电网系统现状图:电网系统较复杂的城市,要绘制35 kV以上城市电网现状图。电网系统比较简单的城市,又在规划中反映了现状,或在城市建设现状图中清楚地反映了现状城市电网和供电设施的城市,可以不绘制城市电网系统现状图。

(2)负荷预测分布图:分区多的城市要编制负荷预测分布图,负荷点少且负荷均匀分布的城市可以不绘制负荷分布图。

(3)城市电网系统规划图:图中表示电源、高压变电站位置和容量、高压网络布局和线路走向、敷设方式、电压等级、高压走廊用地范围。

3. 城市供电工程分区规划内容与深度

城市供电工程分区规划的主要内容包括

(1)分区用电负荷预测。

(2)供电电源的选择,位置、用地面积及容量、数量的确定。

(3)高压配电网或高、中压配电网结构布置,变电所、开闭所位置选择,用地面积、容量及数量的确定。

(4)确定高、中压电力线路走廊(架空线路或地理电缆)宽度及线路走向。

(5)确定分区内变电所、开闭所进出线回数、10 kV配电主干线走向及线路敷设方式。

(6)绘制电力分区图。

城市供电工程系统分区规划图纸分区规划高压配电网平面布置图。图中表示变压配电站分布、电源进出线回数、线路走向、电压等级、敷设方式。

4. 城市供电工程详细规划内容与深度

1)城市供电工程详细规划的主要内容

(1)按不同性质类别地块和建筑物分别确定其用电指标,并进行负荷计算。

(2) 确定小区内供电电源点位置、用地面积(或建筑面积)及容量、数量的配置。

(3) 拟定规划区内中、低压配电网接线方式,进行低压配电网规划设计(含路灯网)。

(4) 确定中、低压配电网(含路灯网)线路回数、导线截面及敷设方式。

(5) 进行投资估算。

(6) 绘制小区电力详细规划图。

2) 城市供电工程详细规划图纸

城市供电工程详细规划图纸规划电网布置平面图。图中表示详细规划范围内送、配电线路的走向、位置、敷设方式,公用配电所分布,电源进出线回数与电压等级,道路照明线路和路灯位置等。

5. 城市供电工程专业规划内容与深度

城市大型项目专业规划内容较多,深度要求不尽相同,规划设计中可视其情况和条件,并根据建设单位具体要求进行供电工程设施专业规划设计。一般主要包括:

(1) 采用用电指标法进行负荷计算。如进行城市电网改造规划,应按负荷密度法预测各片区负荷分布,并绘出电力负荷分布图。

(2) 选择供电电源。

(3) 确定供电变电站容量、数量、占地面积、建筑面积、平面布置形式。

(4) 进行中、低压配电网设计(含路灯网)。

(5) 绘制中、低压配电网(含路灯网)平面布置图。

(6) 进行投资概算。

4.2.3 电源规划

1. 城市供电电源规划原则

(1) 对以水电供电为主的大、中城市,应建设一定比例的火电厂作为保安、补充电源,以保证城市不同季节用电需要。

(2) 对以变电所作为城市电源的大、中城市,应有接受电力系统电力的两个或多个不同电源点,以保证变电所供电的可靠性。

(3) 城市电源点应根据城市性质、规模和用电特点合理布局。一般大、中城市应组成具有两个以上电源点的多电源供电系统。

(4) 对经济基础较好,但能源比较缺乏,交通运输负荷过重,且具有建核电厂条件的大、中城市,可考虑建设核电厂。

(5) 根据城市总体规划和地区电力系统中长期规划,在负荷预测的基础上,考虑合理的备用容量进行电力平衡,以确定不同规划期所需的城市发电厂设备总容量及系统受电总容量。

(6) 大城市应建设一定容量的主力发电厂。

(7) 对有足够稳定热负荷的城市,电源建设应与热源建设相结合,以热定电,建设适当规模的热电厂。

2. 城市供电电源选址

1) 火力发电厂厂址选择

(1) 符合城市总体规划要求。

(2) 应尽量利用劣地或非耕地,或安排在国际《城市用地分类与规划建设用地标准》规划规定的《三类工业用地》内。

(3) 应尽量靠近负荷中心,使热负荷和电负荷的距离经济合理,以便缩短热管道的距离。正常输送蒸汽的距离为 0.5~1.5 km,一般不超过 3.5~4.0 km。输送热水距离一般为 4~5 km,特殊情况可达 10~12 km。

(4) 燃煤电厂的燃料量很大,中型电厂的年耗煤量在 50 万 t 以上,大型电厂每天约耗煤万吨以上。因此,厂址应尽可能接近燃料产地,靠近煤源,以便减少燃料运输费,减少国家铁路运输负担。同时,由于减少电厂贮煤量,相应地也减少了厂区用地面积,在劣质煤源丰富的矿区建立坑口电站是最经济的,它可以减少铁路运输(用皮带传送机直接运煤),进而降低发电成本,节约用地。

燃油电厂一般布置在炼油厂附近,不足部分油量采用公路或水路方式运输。储油量一般在 20 d 左右。

(5) 电厂铁路专用线选线要尽量减少对国家干线通过能力的影响,接轨方向最好是重车方向为顺向,以减少机车摘钩作业,并应避免切割国家正线。专用线设计应尽量减少厂内股道和线路长度,简化厂内作业系统。

(6) 电厂生产用水量大,包括汽轮机凝汽用水、发电机和冷却塔的冷却用水、除灰用水等,因而要求大型电厂尽可能靠近水源丰富的地区建设。

(7) 燃煤发电厂应有足够的贮灰场,贮灰场的容量要能容纳电厂 10 年的贮灰量。贮灰场场址应尽量利用荒、滩地筑坝或山谷。分期建设的灰场容量一般要能容纳 3 年的出灰量。厂址选择时,同时要考虑灰渣综合利用场地。

(8) 电厂选址应在城市环境容量允许条件下,满足环保要求。火电厂运行时有飞灰、硫磺气体和其他有害的挥发物或气体排出,厂址应选择在城市主导风向的下风向,并应有一定的防护距离。大、中型火电厂距居住区应有 1 km 以上的距离。

(9) 厂址选择应充分考虑出线条件,留有适当的出线走廊宽度,高压线路下不能建设永久性建筑物。燃煤电厂还应同时规划水灰管线,水灰管线上方不能建设永久性建筑物。

(10) 电厂厂址应满足地质、防震、防洪等建厂条件要求。厂址标高应高于百年一遇的洪水位。如厂址标高低于洪水位时,其防洪堤堤顶标高,应超过百年一遇的洪水位 0.5~1.0 m,防洪堤应在初期工程中一次建成。对位于山区的发电厂,应考虑防、排山洪的措施。

4.3 地下变电站设计

4.3.1 变电站选址

根据国家现行行业标准《35 kv～220 kV 城市地下变电站设计规定》(DL/T 5216—2005)的建设要求,地下变电站是在常规地上变电站无法建设时所采用的特殊变电站建设形式。变电站可独立建设,也可与其他建(构)筑物结合建设。地下变电站的选址应根据电力规划和城市规划相结合的原则确定。

地下变电站的设计必须与城市规划和地上建筑总体规划紧密结合、统筹兼顾,综合考虑工程规模、变电站总体布置、地下建筑通风、消防、设备运输、人员出入以及环境保护等因素,确定变电站的全地下或半地下设计方案。

地下变电站的设备选择要坚持适度超前、安全可靠、技术先进、造价合理的原则,注重小型化、无油化、自动化,免维护或少维护的技术方针,选择质量优良、性能可靠的定型产品。

地下变电站的设计必须坚持节约用地的原则,尽量压缩建筑体量以节约建设用地并控制工程造价。在城市电力负荷集中但地上变电站建设受到限制的地区,可结合城市绿地或运动场、停车场等地面设施独立建设地下变电站,也可结合其他工业或民用建(构)筑物共同建设地下变电站。地下变电站必须保证有完善的设备运输、建筑防水、排水、通风和消防工程设计。

4.3.2 变电站系统方案

地下变电站的总体布置在满足工艺要求的前提下,应力求布局紧凑,并兼顾设备运输、通风、消防、安装检修、运行维护及人员疏散等因素综合确定。当变电站与其他建(构)筑物合建时,还应充分利用其建(构)筑物的相关条件,统筹设计。

地下变电站的主控制室有条件时宜布置在地上,如受条件限制需布置在地下,宜布置在距地面较近的地方。规模较大、层数较多的地下变电站可考虑设置载人电梯。

地下变电站主变压器的台数和容量应根据地区供电条件、负荷性质、用电容量和运行方式等条件综合考虑确定。变电站的主变压器台数不宜少于 2 台,不宜多于 4 台。装有 2 台及以上主变压器的地下变电站,当断开 1 台主变压器时,其余主变压器的容量(包括过负荷能力)应满足全部负荷用电要求。地下变电站宜采用低损耗、低噪声电力变压器,如图 4-5 所示为地下变电站主变压器。根据防火要求,必要时可选择无油型设备。

地下变电站宜分别设置大、小设备吊装口。大设备吊装口供变压器等大型设备吊装使用,也可与进风口合并使用。小设备吊装口为常设吊装口。供日常检修试验设备及小型设备吊装使用,大设备吊装口的位置应具备变电站设备运输使用的大型运输起重车辆的工作条件。

地下变电站安全出口不得少于 2 个,有条件时可利用相邻地下建筑设置安全出口。

图 4-5　地下变电站主变压器

地下变电站的电力电缆通道应满足电缆出线数量要求，并应留有适当裕度。变电站的电源电缆有条件时宜通过不同的电缆通道引入站内。当地下变电站电力电缆夹层布置较深时，可采用电缆竖井将电缆引上，与站外电缆隧道(排管)连接。

4.3.3　变配电系统

地下变电站的电气主接线应根据变电站在电网中的地位、规划容量、电压等级、线路和变压器连接元件总数、负荷性质、设备特点等条件综合确定，并应满足供电可靠、运行灵活、操作检修方便、节约投资和便于扩建等要求。在满足电网规划和可靠性要求的条件下，宜减少电压等级和简化接线。

高压侧线路为 3 回及以下、主变压器为 3 台及以下的终端变电站，宜采用线路变压器组、桥形或扩大桥形接线。高压侧线路有系统穿越功率的变电站，宜采用外桥形、扩大外桥形、单母线、单母线分段或其他接线。当能满足电力系统继电保护要求时，也可采用线路分支接线。

4.3.4 辅助系统

1. 无功补偿装置

地下变电站的无功补偿装置应根据系统无功补偿就地平衡和便于调整电压的原则配置。我国目前投运的 110 kV 变电站大多配置了容性无功补偿装置;220 kV 变电站大多分别配置了容性及感性无功补偿装置。由于城市中电力电缆的大量使用,城市电力系统设计时需考虑电力电缆(尤其是高压电力电缆)对容性无功的助增作用,以分别确定变电站需配置的容性及感性无功补偿装置容量。无功补偿设备宜选择无油型产品。

2. 继电保护

(1) 主变压器保护:装设纵联差动保护、带时限过电流保护、非电量保护、零流保护,远程温度测量、过负荷报警。

(2) 10 kV 进线开关保护:装设电流速断保护、过电流保护、零流保护,欠压报警。

(3) 10 kV 出线开关保护:装设电流速断保护、过电流保护、零流保护。

(4) 10 kV 分段开关保护:装设分段自切功能,自切后加速低压过流保护,自切后加速低压零流保护(保护于正常合闸后延时退出)。

(5) 10 kV 电容器保护:采用速断过电流保护、过电压保护、零流保护、不平衡电流保护、欠压保护或进线故障联跳保护。继电保护装置采用微处理机数字继电器保护方式,对每个回路实施数字式继电保护、断路器控制、电量参数测量和数据变送,并通过现场总线通信电缆及控制电缆以通信和 I/O 方式与本变电站计算机监控站联接,实现遥测、遥信、预留遥控。

4.3.5 变电站综合自动化设计

1. 系统设计

在地下变电站控制室应设置一套变电站综合自动化系统监控设备,包括前置处理机柜 1 套、操作员站 2 套(双机热备)、工程师站 1 套、网络交换设备 1 套等,可快速实现对变电站的连续监视与控制。

前置处理机通过星型以太网络接收在就地单元内处理成的数据信号,包括所有所需的保护动作、测量、报警等信号,前置处理机与各就地单元通信即使故障,各就地单元仍可独立完成本柜的监测保护功能,其监测信息可反映在开关柜的面板上。操作人员也可通过就地/远方选择开关切到就地操作位置,根据面板上的指示实现本开关柜的手动操作。

为提高系统控制可靠性和时效性,每个开关柜上断路器分/合闸状态信号、断路器总故障信号、控制保护单元装置故障信号通过电缆直接与前置处理机开关量输入/输出模块连接,其余信号、命令由网络传输。每段 10 kV 母线所连接的各开关柜的控制保护单元通过网络在以太网交换机内合成为一路与前置处理机柜相连。主变压器、0.4 kV 低压系统采用 Modbus 通信协议,经协议转换器后通过以太网与现场前置处理机控制柜相连,完成数据的传输。所有控制电缆均采用阻燃屏蔽电缆。

2. 系统主要技术指标

1）系统响应指标

（1）计算机显示器固定画面显示时间小于 1 s；

（2）从状态量变化到计算机显示器画面更新小于 2 s；

（3）从命令生成到控制动作响应（包括计算机显示器画面更新）小于 2 s；

（4）报警响应时间小于 1 s；

（5）事件顺序记录分辨率不大于 10 ms；

（6）通信误码率小于 10～8。

2）传输网络

（1）现场网络：10/100 M 以太网通信协议支持 IEC-61850；Modbus 通信协议速率不小于 9 600bt/s 并可调；

（2）计算机网络：TCP/IP 协议，100 Mbps 以太网。

5　地下综合管廊工程规划与设计

5.1 地下综合管廊工程概述

综合管廊是指在城市道路、厂区等地下建造的一个隧道空间,将电力、通讯、燃气、给水、热力、排水等市政公用管线集中敷设在同一个构筑物内,并通过设置专门的吊装口、通风口、检修口和监测系统保证其正常运营,实施市政公用管线的"统一规划、统一建设、统一管理",以做到城市道路地下空间的综合开发利用和市政公用管线的集约化建设和管理,避免城市道路产生"拉链路"。

综合管廊在日本称之为"共同沟",在我国台湾省称之为"共同管道",在我国大陆地区多称之为"共同沟"、"共同管道"、"综合管沟"或"综合管廊"。

5.1.1 综合管廊分类

综合管廊根据其所收容的管线不同,其性质及结构亦有所不同,根据我国国家标准《城市综合管廊工程技术规范》(GB 50838—2015),综合管廊按照功能分为干线综合管廊、支线综合管廊和缆线综合管廊三种,如图 5-1 所示。

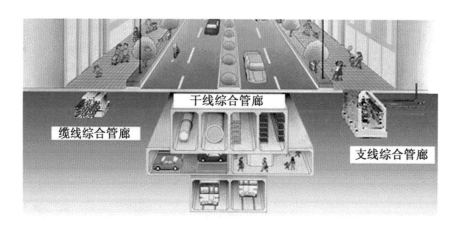

图 5-1　综合管廊分类

1. 干线综合管廊

干线综合管廊主要收容的管线为电力、通信、自来水、燃气、热力等管线,有时根据需要也将排水管线收容在内。在干线综合管廊内,电力从超高压变电站输送至一、二次变电站,通信电缆主要为转接局之间的信号传输,燃气管道主要为燃气厂至高压调压站之间的输送,如图 5-2所示。

干线综合管廊的断面通常为圆形或多格箱形,综合管廊内一般要求设置工作通道及照明、通风等设备。

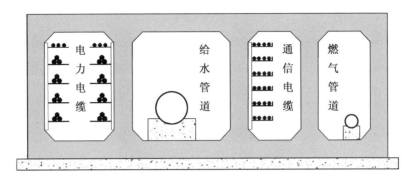

图 5-2 干线综合管廊示意图

干线综合管廊的特点主要为：

(1) 稳定、大流量的运输；

(2) 高度的安全性；

(3) 内部结构紧凑；

(4) 兼顾直接供给到稳定使用的大型用户；

(5) 一般需要专用的设备；

(6) 管理及运营比较简单。

2. 支线综合管廊

支线综合管廊主要负责将各种供给从干线综合管廊分配、输送至各直接用户，其一般设置在道路两旁，收容直接服务的各种管线。

支线综合管廊的断面以矩形断面较为常见，一般为单格或双格箱形结构。综合管廊内一般要求设置工作通道及照明、通风等设备，如图5-3所示。

支线综合管廊的特点主要为：

(1) 有效(内部空间)断面较小；

(2) 结构简单、施工方便；

(3) 设备多为常用定型设备；

(4) 一般不直接服务大型用户。

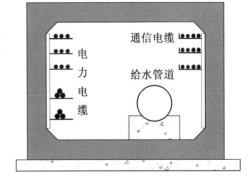

图 5-3 支线综合管廊示意图

3. 缆线综合管廊

缆线综合管廊主要负责将市区架空的电力、通讯、有线电视、道路照明等电缆收容至埋地的管道。缆线综合管廊一般设置在道路的人行道下面，其埋深较浅，一般在 1.5 m 左右。

缆线综合管廊的断面以矩形断面较为常见，一般不要求设置工作通道及照明、通风等设备，仅增设供维修时用的工作手孔即可，如图5-4所示。

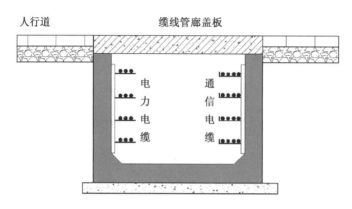

图 5-4 支线缆线综合管廊示意图

5.1.2 综合管廊建设概况

1. 国外综合管廊发展概况

综合管廊于 19 世纪发源于欧洲,最早是在圆形排水管道内装设自来水、通信等管道。早期的综合管廊由于多种管线共处一室,且缺乏安全检测设备,容易发生意外,因此综合管廊的发展受到很大的限制。法国巴黎于 1832 年霍乱大流行后,隔年市区内兴建庞大下水道系统,同时兴建综合管廊系统,其内部如图 5-5 所示。综合管廊内设有自来水管、通信管道、压缩空气管道、交通信号电缆等。

图 5-5 法国巴黎综合管廊

英国伦敦于 1861 年开始修建宽 12ft、高 7.6ft(相当于宽 3.65 m、高 2.32 m)的半圆形综合管廊,如图 5-6 所示。其容纳的管线除燃气管、自来水管及污水管外,还设有通往用户的管线包括电力及通信电缆。

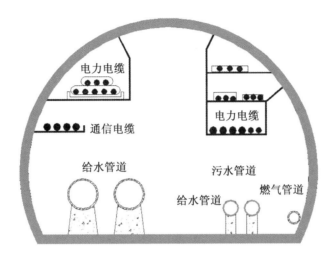

图 5-6　英国伦敦综合管廊

　　美国和加拿大虽然国土辽阔,但因城市高度集中,城市公共空间用地矛盾仍十分尖锐。美国纽约市的大型供水系统,完全布置在地下岩层的综合管廊中,如图5-7所示。加拿大多伦多市和蒙特利尔市,也有十分发达的地下综合管廊系统。

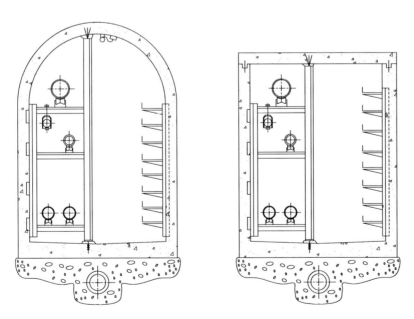

图 5-7　美国综合管廊

　　日本国土狭小,城市用地紧张,因而也更加注重地下空间的综合利用,综合管廊在日本开始兴建于 1926 年千代田,1958 年日本东京开始兴建综合管廊,到 2014 年末,日本全国综合管廊总长约 1 000 km。较为典型的项目有东京临海副都心地下综合管廊,该综合管廊总长度 16 km,工程建设历时 7 年,耗资 3 500 亿日元,是目前世界上规模最大、最充分利用地下空间将各种基础设施融为一体的建设项目。该项目为一条距地下 10 m、宽19.2 m、高 5.2 m 的地下管道井,把上水管、中水管、下水管、煤气管、电力电缆、通信电缆、通信光缆、空调冷热管、垃圾收集管等 9 种城市基础设施管道科学、合理地分布其中,有效利用了地下空间,美化了城市环境,避免了乱拉线、乱挖路现象,方便了管道检修,使城市功能更加完善。该综合管廊内中水管是将污水处理后再进行回用,有效节约了水资源;空调冷热管分别提供 7～15 ℃ 和 50～80 ℃ 的水,使制冷、制热实现了区域化;垃圾收集管采取吸尘式,以 90～100 km/h 的速度将各种垃圾通过管道送到垃圾处理厂。为了防止地震对综合管廊的破坏,采用了先进的管道变形调节技术和橡胶防震系统。对新的城市规划区域来说,该综合管廊已成为现代都市基础设施建设的理想模式,如图 5-8 所示。

图 5-8　日本东京综合管廊

2. 国内综合管廊发展概况

随着城市建设的不断发展,我国综合管廊建设也在不断发展。1958 年,北京市在天安门广场敷设了一条 1 076 m 长的综合管廊。1977 年配合"毛主席纪念堂"施工,又敷设了一条 500 m 长的综合管廊。此外,大同市自 1979 年开始,在 9 个新建的道路交叉口都敷设了综合管廊。进入 20 世纪 70 年代,根据我国经济建设的要求,开始借鉴国外先进的建设经验,引入综合管廊工程建设。在上海市宝钢建设过程中,采用日本先进的建设理念,建造了长达数十公里的工业生产专用综合管廊系统,如图 5-9 所示。

图 5-9　上海宝钢综合管廊

　　1994 年底,国内第一条规模较大、距离较长的综合管廊在上海市浦东新区张杨路初步建成。该综合管廊全长约 11.125 km,埋设在道路两侧的人行道下,综合管廊为钢筋混凝土结构,其断面形状为矩形,由燃气室和电力室两部分组成(内景如图 5-10 所示,断面如图 5-11 所示)。

图 5-10　上海张杨路综合管廊内景

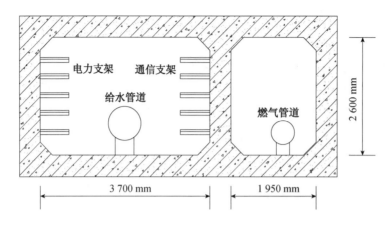

图 5-11　上海张杨路综合管廊断面示意图

按照中共中央、国务院《关于促进小城镇健康发展的若干意见》(中发〔2000〕11 号)的精神,以及上海市委七届六次全会提出的"中心城区体现繁荣繁华,郊区体现实力水平"的要求,实施以新城和中心镇为重点的城镇化战略,加快郊区城市化步伐。为此,制订上海市促进城镇发展的试点意见(沪府发〔2001〕1 号),明确在"十五"期间,根据上海市国民经济和社会发展的总体要求,将实施重点突破、有序推进的城镇发展方针,努力构建特大型国际经济中心城市的城镇体系。经研究,上海市政府决定市重点发展"一城九镇",即松江新城以及朱家角、安亭、高桥、浦江等 9 个中心镇。试点工作要立足 21 世纪,借鉴国际成功经验,实现高起点规划、高质量建设、高效率管理,建设各具特色的新型城镇。在新城镇的开发过程中,将综合管廊作为重要的市政配套工程作为建设重点。由上海市房屋土地资源管理局实施我国新城镇居住区的综合管廊系统,全长 6 km,于 2002 年 12 月 26 日正式动工,该工程建设的目的在于探索新城区综合管廊建设的经验,如图 5-12 所示。

2002 年,广东省在制订广州大学城规划时,确立了大学城(小谷围岛)综合管廊(市政综合管廊)专业规划。该综合管廊建在小谷围岛中环路中央隔离绿化带下,沿中环路呈环状结构布局,全长约 10 km,管廊高 2.8 m,宽 7 m(分隔成 2.5 m,3 m,1.5 m 三个仓),如图 5-12 所示。规划主要布置供电、供水、供冷、电信、有线电视 5 种管线,预留部分管孔以备发展所需。该项目于 2003 年下半年开工建设,2005 年全部建成。

2010 上海世博会的主题是"城市,让生活更美好",副主题是"城市多元文化的融合"。为了建设好世博园区,2004 年启动了《2010 年上海世博会园区地下空间综合开发利用研究》工作,根据《2010 年上海世博会园区地下空间综合开发利用研究》成果,提出在园区内"市政设施地下化":新建的雨污水泵站、水库、垃圾收集站、雨水调蓄池、变电站及部分燃气调压站等市政设施,采用地下式或半地下式形式。世博园区内所有市政管线入地敷设。为满足世博会办展期间市政建设需要,优化和合理利用地下市政管廊空间,同时兼顾世博园区后续开发,减少市政设施重复建设量及避免主要道路开挖,提高市政设施维护及管理水平,在世博园区主要道路

图 5-12 上海市安亭新镇综合管廊

图 5-13 广州大学城综合管廊

下敷设综合管廊。综合管廊用于收纳沿途的通信、电力、供水、供热、垃圾气力输送系统管线，如图 5-14 所示。排水、燃气系统管线需另行敷设。

图 5-14　上海世博会综合管廊

5.2　综合管廊工程规划

5.2.1　国内对综合管廊设置的规定

　　2014 年国务院办公厅颁布的《关于加强城市地下管线建设管理的指导意见》（国办发〔2014〕27 号），明确要求在地下管线和综合管廊工程规划当中，牢固树立规划先行理念，遵循城镇化和城乡发展客观规律，以资源环境承载力为基础，科学编制城市总体规划，做好与土地利用总体规划的衔接，统筹安排城市基础设施建设。突出民生为本，节约集约利用土地，严格禁止不切实际的"政绩工程"、"形象工程"和滋生腐败的"豆腐渣工程"。强化城市总体规划对空间布局的统筹协调。严格按照规划进行建设，防止各类开发活动无序蔓延。开展地下空间资源调查与评估，制定城市地下空间开发利用规划，统筹地下各类设施、管线布局，实现合理开发利用，提升基础设施规划建设管理水平。城市规划建设管理要保持城市基础设施的整体性、系统性，避免条块分割、多头管理。要建立完善城市基础设施建设法律法规、标准规范和质量评价体系。建立健全以城市道路为核心、地上和地下统筹协调的基础设施管理体制机制。重点加强城市管网综合管理，尽快出台相关法规，统一规划、建设、管理，规范城市道路开挖和地下管线建设行为，杜绝"拉链马路"、窨井伤人事件。在普查的基础上，整合城市管网信息资源，消除市政地下管网安全隐患。建立城市基础设施电子档案，实现设市城市数字城管平台全覆盖。提升城市管理标准化、信息化、精细化水平，提升数字城管系统，推进城市管理向服务群众生活转变，促进城市防灾减灾综合能力和节能减排功能提升。

2015年国务院办公厅颁布的《关于推进城市地下综合管廊建设的指导意见》(国办发〔2015〕61号),明确要求推进城市地下综合管廊建设,统筹各类市政管线规划、建设和管理,解决反复开挖路面、架空线网密集、管线事故频发等问题。城市地下综合管廊有利于保障城市安全、完善城市功能、美化城市景观、促进城市集约高效和转型发展,有利于提高城市综合承载能力和城镇化发展质量,有利于增加公共产品有效投资、拉动社会资本投入、打造经济发展新动力。各城市人民政府要按照"先规划、后建设"的原则,在地下管线普查的基础上,统筹各类管线的实际发展需要,组织编制地下综合管廊建设规划,规划期限原则上应与城市总体规划相一致。结合地下空间开发利用、各类地下管线、道路交通等专项建设规划,合理确定地下综合管廊的建设布局、管线种类、断面形式、平面位置、竖向控制等,明确建设规模和时序,综合考虑城市发展远景,预留和控制有关地下空间。建立建设项目储备制度,明确五年项目滚动规划和年度建设计划,积极、稳妥、有序地推进地下综合管廊建设。从2015年起,城市新区、各类园区、成片开发区域的新建道路要根据功能需求,同步建设地下综合管廊;老城区要结合旧城更新、道路改造、河道治理、地下空间开发等,因地制宜、统筹安排地下综合管廊建设。在交通流量较大、地下管线密集的城市道路、轨道交通、地下综合体等地段,城市高强度开发区、重要公共空间、主要道路交叉口、道路与铁路或河流的交叉处,以及道路宽度难以单独敷设多种管线的路段,要优先建设地下综合管廊。加快既有地面城市电网、通信网络等架空线的入地工程。

1. 综合管廊工程规划编制指引

综合管廊工程规划应根据城市总体规划、地下管线综合规划、控制性详细规划编制,与地下空间规划、道路规划等保持衔接。编制综合管廊工程规划应以统筹地下管线建设、提高工程建设效益、节约利用地下空间、防止道路反复开挖、增强地下管线防灾能力为目的,遵循政府组织、部门合作、科学决策、因地制宜、适度超前的原则。编制时应听取道路、轨道交通、给水、排水、电力、通信、广电、燃气、供热等行政主管部门及有关单位、社会公众的意见。

综合管廊工程规划应合理确定管廊建设区域和时序,划定管廊空间位置、配套设施用地等三维控制线,纳入城市黄线管理。综合管廊建设区域内的所有管线均应在管廊内规划布局。

综合管廊工程规划应统筹兼顾城市新区和老旧城区。新区综合管廊工程规划应与新区规划同步编制,老旧城区综合管廊工程规划应结合旧城改造、棚户区改造、道路改造、河道改造、管线改造、轨道交通建设、人防建设和地下综合体建设等编制。

综合管廊工程规划期限应与城市总体规划一致,并考虑长远发展需要。建设目标和重点任务应纳入国民经济和社会发展规划。综合管廊工程规划原则上五年进行一次修订,或根据城市规划和重要地下管线规划的修改及时调整,调整程序按编制管廊工程规划程序执行。

综合管廊规划编制的主要原则如下。

(1) 根据城市经济、人口、用地、地下空间、管线、地质、气象、水文等情况,分析综合管廊建设的必要性和可行性。明确规划总目标和规模、分期建设目标和建设规模。

(2) 高强度开发和管线密集地区应划为管廊建设区域。主要包括城市中心区、商业中心、城市地下空间高强度成片集中开发区、重要广场;高铁、机场、港口等重大基础设施所在区域;

交通流量大、地下管线密集的城市主要道路以及景观道路;配合轨道交通、地下道路、城市地下综合体等建设工程地段和其他不宜开挖路面的路段等。

（3）综合管廊规划编制应根据城市功能分区、空间布局、土地使用、开发建设等,结合道路布局,确定综合管廊的系统布局和类型等。

（4）综合管廊规划编制应根据管廊建设区域内有关道路、给水、排水、电力、通信、广电、燃气、供热等工程规划和新（改、扩）建计划,以及轨道交通、人防建设规划等,确定入廊管线,分析项目同步实施的可行性,确定管线入廊的时序。

（5）综合管廊规划编制应根据入廊管线种类及规模、建设方式、预留空间等,确定管廊分舱、断面形式及控制尺寸。综合管廊三维控制线应明确管廊的规划平面位置和竖向规划控制要求,引导管廊工程设计。明确综合管廊与道路、轨道交通、地下通道、人防工程及其他设施之间的间距控制要求。合理确定控制中心、变电所、吊装口、通风口、人员出入口等配套设施规模、用地和建设标准,并与周边环境相协调。明确消防、通风、供电、照明、监控和报警、排水、标识等相关附属设施的配置原则和要求。

（6）此外,综合管廊规划编制应明确综合管廊抗震、防火、防洪等安全防灾的原则、标准和基本措施。

2. 城市工程管线综合规划规范要求

根据《城市工程管线综合规划规范》(GB 50289—98)有关规定,当遇到下列情况之一时,工程管线宜采用综合管廊集中敷设。

（1）交通运输繁忙或工程管线设施较多的机动车道、城市主干道以及兴建地下铁道、立体交叉等工程地段;

（2）不宜开挖路面的路段;

（3）广场或主要道路的交叉处;

（4）需同时敷设两种以上工程管线及多回路电缆的道路;

（5）道路与铁路或河流的交叉处;

（6）道路宽度难以满足直埋敷设多种管线的路段。

3. 电力工程电缆设计规范要求

根据《电力工程电缆设计规范》(GB 50217—2007)有关规定,当遇到下列情况之一时,电力电缆应采用电缆隧道或公用性隧道敷设。

（1）同一通道的地下电缆数量众多,电缆沟不足以容纳时应采用隧道;

（2）同一通道的地下电缆数量较多,且位于有腐蚀性液体或经常有地面水流溢出的场所,或含有35 kV以上高压电缆,或穿越公路、铁路等地段,宜用隧道;

（3）受城镇地下通道条件限制或交通流量较大的道路,与较多电缆沿同一路径有非高温的水、气和通信电缆管道共同配置时,可在公用性隧道中敷设电缆。

4. 城市综合管廊工程技术规范要求

《城市综合管廊工程技术规范》(GB 50838—2015)规定:

（1）综合管廊工程规划应符合城市总体规划要求，规划年限应与城市总体规划一致，并应预留远景发展空间。综合管廊工程规划应与城市工程管线专项规划及管线综合规划相协调。

（2）综合管廊工程规划应坚持因地制宜、远近结合、统一规划、统筹建设的原则。

（3）综合管廊工程规划应集约利用地下空间，统筹规划综合管廊内部空间，协调综合管廊与其他地上、地下工程的关系。

（4）综合管廊工程规划应结合城市地下管线现状，在城市道路、轨道交通、给水、雨水、污水、再生水、天然气、热力、电力、通信、地下空间利用等专项规划以及地下管线综合规划的基础上，确定综合管廊的布局。

5. 台湾省地方规定

新市镇开发、新小区开发、农村小区更新重划、办理区段征收、市地重划、都市更新地区、大众捷运系统、铁路地下化及其他重大工程应优先施作共同管道，其实施区域位于共同管道系统者，各主管机关应协调工程主办机关及有关管线事业机关（构），将共同管道系统实施计划列入该重大工程计划一并执行。

市区道路修筑时应将电线电缆地下化，依都市发展及需求规划设置共同管道。设有共同管道的道路，应将原有管线纳入共同管道。经主管机关核定不宜纳入者，不在此限。

主管机关制定共同管道实施计划时，应同时划定禁止挖掘道路范围并予以公告。若不影响共同管道建设工程，经主管机关核准者，不在此限。

5.2.2 国外对综合管廊设置的规定

1. 日本对综合管廊设置的规定

（1）在交通显著拥挤的道路上，地下管线施工将对道路交通产生严重干扰时，由建设部门指定建设综合管廊；

（2）综合管廊建设可结合道路改造或地下铁路建设，城市高速公路等大规模工程建设同时进行。

2. 俄罗斯对综合管廊设置的规定

（1）在拥有大量现状或规划地下管线的干道下面；

（2）在改建地下工程设施很发达的城市干道下面；

（3）需要同时埋设给水管线、供热管线及大量电力电缆情况下；

（4）在没有余地专供埋设管线，特别是铺设在刚性基础的干道下面时；

（5）在干道同铁路的交叉处。

5.2.3 综合管廊纳入的管线

国外进入综合管廊的工程管线有电信电缆、燃气管线、给水管线、供冷供热管线和排水管线等。另外，也有将管道化的生活垃圾输送管道敷设在综合管廊内。

国内进入综合管廊的工程管线有电力电缆、电信电缆、给水管道、燃气管道、供热管道、污水管道等。

1. 电力管线

随着城市经济综合实力的提升及对城市环境整治的严格要求,目前国内许多大中城市都建有不同规模的电力隧道和电缆沟。电力管线从技术和维护角度而言纳入综合管廊已经没有障碍。

电力管线纳入综合管廊需要解决的主要问题是防火防灾、通风降温。在工程中,当电力电缆数量较多时,一般将电力电缆单独设置一个舱位,实际就是分隔成为一个电力专用隧道。通过感温电缆、自然通风辅助机械通风、防火分区及监控系统来保证电力电缆的安全运行。

2. 供水管道

供水管道的传统敷设方式为直埋,管道的材质一般为钢管、球墨铸铁管等。由于给水管线线路比较长,因而在敷设时常有埋地、平管桥或敷设在城市桥梁等多种形式。

供水管线需承受一定的压力,因而一般采用钢管、球墨铸铁管、PE 管等,在施工验收阶段并用高于正常工作压力的 2 倍压力进行试压,以确保管线的安全运行。

3. 通信管线

目前国内通信管线敷设方式主要采用架空或直埋两种。架空敷设方式造价较低,但影响城市景观,而且安全性能较差,正逐步被埋地敷设方式所替代。

通信管线纳入综合管廊需要解决信号干扰等技术问题,但随着光纤通信技术的普及,可以避免此类问题的发生。

4. 燃气管道

在《城市综合管廊工程技术规范》(GB 50838—2015)颁布之前,我国规范对燃气管道能否进入综合管廊没有明确规定。在国外综合管廊中,则有燃气管道敷设于综合管廊的工程实例,经过几十年的运行,并没有出现安全方面的事故。在国内,人们普遍对燃气管线进入综合管廊有安全方面的担忧。在上海市张杨路综合管廊中,燃气管道采用了分仓独用的形式进入综合管廊,在经济性能方面没有优越性。在上海市安亭新镇综合管廊工程中,燃气管道设置在综合管廊的上部沟槽中。在北京中关村综合管廊中,也是采用分仓独立设置的方式敷设燃气管道。

从燃气管道纳入综合管廊的方式比较分析来看,燃气管道如果独立纳入综合管廊,虽然管道的安装、检修比较方便,安全性也比较高,但会引起工程投资的大幅度增加,虽然技术可行,但经济指标不合理。《城市综合管廊工程技术规范》(GB 50838—2015)明确规定燃气管道可以纳入综合管廊内。

5. 排水管道

排水管线分为雨水管线和污水管线两种。在一般情况下二者均为重力流,管线按一定坡度埋设,埋深一般较深,其对管材的要求一般较低。采样分流制排水的工程,雨水管线管径较大,基本就近排入水体,因此,雨水管一般不进入综合管廊,进入综合管廊的排水管线一般是污水管线。

综合管廊的敷设一般不设纵坡或纵坡很小,若污水管线进入综合管廊,则综合管廊就必须按一定坡度进行敷设以满足污水的输送要求。另外,污水管材需防止管材渗漏,同时,污水管还需设置透气系统、有毒有害气体警报系统、污水检查井等,管线接入口较多,会扩大综合管廊的断面尺寸,极大地增加综合管廊的造价。若将其纳入综合管廊内,就必须考虑其对综合管廊方案的制约以及相应的结构规模扩大化等问题。

综上所述,能否将污水管线和雨水管线纳入市政综合管廊,需根据该工程的地形条件和具体条件决定。若地形条件有坡度,且建设的市政综合管廊有坡度时,能满足雨、污水等重力流管线按一定坡度铺设的要求,可以纳入雨、污水等重力流排水管线;若地形较平坦,从经济角度考虑,不宜纳入雨、污水等重力流排水管线。

6. 热力管道

在我国北方的大多数城市,由于冬天采暖的需要,目前普遍采用集中供暖的方法,建有专业的供热管廊。由于供热管道维修比较频繁,因而国外大多数情况下将供热管道集中放置在综合管廊内。

供热及供冷管道进入综合管廊并没有技术问题,但值得考虑的是这类管道的外包尺寸较大,进入综合管廊时要占用相当大的有效空间,对综合管廊工程的造价影响明显。

5.2.4 综合管廊系统规划原则

(1) 综合管廊系统规划应遵循节约用地的原则,确定纳入的管线,统筹安排管线在综合管廊内部的空间位置,协调综合管廊与其他地上、地下工程的关系。

(2) 综合管廊系统规划应符合城镇总体规划要求,在城镇道路、城市居住区、城市环境、给水工程、排水工程、热力工程、电力工程、燃气工程、信息工程、防洪工程、人防工程等专业规划的基础上,确定综合管廊系统规划。

(3) 综合管廊系统规划应考虑城镇长期发展的需要。

(4) 综合管廊系统规划应明确管廊的空间位置。

(5) 纳入综合管廊内的管线应有管线各自对应的主管单位批准的专项规划。

(6) 综合管廊系统规划的编制应根据城市发展总体规划,充分调查城市管线地下通道现状,合理确定主要经济指标,科学预测规划需求量,坚持因地制宜、远近兼顾、全面规划、分步实施的原则,确保综合管廊系统规划和城市经济技术水平相适应。

(7) 综合管廊的系统规划应明确管廊的最小覆土深度、相邻工程管线和地下构筑物的最小水平净距和最小垂直净距。

(8) 综合管廊等级应根据敷设管线的等级和数量分为干线综合管廊、支线综合管廊及电缆沟。

(9) 干线综合管廊宜设置在机动车道、道路绿化带下,其覆土深度应根据地下设施竖向综合规划、道路施工、行车荷载、绿化种植及设计冻深等因素综合确定。

（10）支线综合管廊宜设置在道路绿化带、人行道或非机动车道下，其覆土深度应根据地下设施竖向综合规划、道路施工、绿化种植及设计冻深等因素综合确定。

（11）电缆沟宜设置在人行道下。

5.3　综合管廊工程设计

5.3.1　综合管廊标准断面

综合管廊的标准断面应根据容纳的管线种类、数量和施工方法综合确定。一般情况下，采用明挖现浇施工时宜采用矩形断面，这样在内部空间使用方面比较高效；采用明挖预制装配施工时宜采用矩形断面或圆形断面，这样施工的标准化、模块化比较易于实现；采用非开挖技术时宜采用圆形断面或马蹄形断面，主要是考虑到受力性能好、易于施工。综合管廊标准断面的比较可参考表 5-1。

综合管廊标准断面内部净宽和净高应根据容纳的管线种类、数量、管线运输、安装、维护、检修等要求综合确定。既要满足管线安装的空间要求，又要考虑到运行维护及管理人员的通行舒适性要求。一般情况下，干线综合管廊的内部净高不宜小于 2.4 m，支线综合管廊的内部净高不宜小于 2.4 m。综合管廊与其他地下构筑物交叉的局部区段的净高，一般不应小于 1.4 m。当不能满足最小净空要求时，可改为排管连接。

表 5-1　　　　　　　　　　　　　　综合管廊标准断面比较

施工方式	特点	断面示意
明挖现浇施工	内部空间使用方面比较高效	
明挖预制装配施工	施工的标准化、模块化比较易于实现	
非开挖施工	受力性能好、易于施工	

1. 综合管廊内人行通道宽度

干线综合管廊、支线综合管廊往往是可通行式综合管廊，为了便于检修人员在综合管廊内部通行，根据综合管廊支架单侧或双侧布置的不同，人行通道的最小宽度亦有所区别：

当综合管廊内两侧设置支架或管道时,人行通道最小净宽不宜小于 1.0 m;当综合管廊内单侧设置支架或管道时,人行通道最小净宽不宜小于 0.9 m。除了满足综合管廊内人行通道宽度要求之外,综合管廊的人行通道的净宽,还应满足综合管廊内管道、配件、设备运输净宽的要求。

电缆沟情况比较特殊,一般情况下电缆沟不提供正常的人行通道。当电缆沟需要工作人员安装使用时,其盖板为可开启式,电缆沟内的人行通道的净宽,不宜小于表 5-2 所列值。

表 5-2　　　　　　　　　　　电缆沟人行通道净宽　　　　　　　　　　　（mm）

电缆支架配置方式	电缆沟净深		
	≤600	600~1 000	≥1 000
两侧支架	300	500	700
单侧支架	300	450	600

2. 综合管廊内电缆支架空间要求

综合管廊内部电缆水平敷设的空间要求如下。

（1）最上层支架距综合管廊顶板或梁底的净距允许最小值,应满足电缆引接至上侧柜盘时允许的弯曲半径要求,且不宜小于表 5-3 所列数值再加 80~150 mm 的和值。

（2）最上层支架距其他设备的净距,不应小于 300 mm,当无法满足时应设防护板。

（3）水平敷设时,电缆支架的最下层支架距综合管廊底板的最小净距,不宜小于 100 mm。

（4）中间水平敷设的电缆支架层间距根据电缆的电压等级、类别确定,可参考表 5-3 中的各项指标。

表 5-3　　　　　　　　电(光)缆支架层间垂直距离的允许最小值　　　　　　　　（mm）

电缆电压等级和类型,光缆,敷设特征		普通支架、吊架	桥架
控制电缆		120	200
电力电缆明敷	6 kV 以下	150	250
	6~10 kV 交联聚乙烯	200	300
	35 kV 单芯	250	300
	35 kV 三芯	300	350
	110~220 kV,每层 1 根以上		
	330 kV, 500 kV	350	400
电缆敷设在槽盒中,光缆		$h+80$	$h+100$

注:1. h 表示槽盒外壳高度。

2. 10 kV 及以上电压等级高压电力电缆接头的安装空间应单独考虑。

5.3.2 管道材质及空间要求

1. 给水管道

城市市政给水管道根据管材可分为金属管材和非金属管材两大类。

1）金属管材

金属管材主要包括铸铁管和钢管。

铸铁管抗腐蚀性能好，锈蚀缓慢。但自重较大，不耐震动，工作压力较钢管低。铸铁管的接口一般分为两种接口：承插式和法兰盘式。这两种接口形式都适用于综合管廊内管道的连接。

钢管强度高、耐震动、重量轻、接口连接方便。但易生锈、不耐腐蚀，在综合管廊内敷设维护工作量较大。

2）非金属管材

非金属管道种类较多，主要有钢筋混凝土管、预应力钢筋混凝土管、复合管。

由于钢筋混凝土管和预应力钢筋混凝土管自重大，在综合管廊内部运输不方便，一般情况下不适用于综合管廊内管道敷设。

近年来复合管材制成的管道种类繁多，这些复合管耐久性好、自重轻，多为中小口径，便于在综合管廊内敷设。

2. 排水管道

钢筋混凝土管是最常用的排水管道。其他常用的管道包括玻璃钢夹砂管、高密度聚乙烯塑胶管等。纳入综合管廊内的排水管道主要为中小口径的玻璃钢夹砂管、高密度聚乙烯塑胶管等。管道在综合管廊内敷设的空间要求如图5-15和表5-4所示。

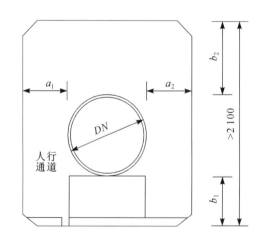

图 5-15　给水和排水管道标准断面示意图

表 5-4				管道在综合管廊内的安装净距				（mm）
DN	铸铁管、螺栓连接钢管				焊接钢管			
	a_1	a_2	b_1	b_2	a_1	a_2	b_1	b_2
$DN<400$	850	400	400	$2\,100-(b_1+DN)$	750	500	500	$2\,100-(b_1+DN)$
$400{\leqslant}DN<800$	850	500	500	$2\,100-(b_1+DN)$	750	500	500	$2\,100-(b_1+DN)$
$800{\leqslant}DN<1\,000$	850	500	500	800	750	500	500	800
$1\,000{\leqslant}DN<1\,500$	850	600	600	800	750	600	600	800
$DN{\geqslant}1\,500$	850	700	700	800	750	700	700	800

3. 燃气管道

在我国城镇中、低压燃气输配中，近年来发展较快的是聚乙烯管、钢管和铸铁管，一般结合不同的使用场合选用不同的管材，以达到安全可靠、经济合理等建设和运行的要求。在高压燃气管道建设中，管材广泛采用 X-60 低合金钢，并开始采用 X-65，X-70 等更高强度的材料，主要是这些材质的低合金钢管强度高、韧性高、焊接性能好，具有高抗氢致裂纹（HIC）及应力腐蚀断裂（SCC）能力。

5.3.3　综合管廊分支口

综合管廊分支口是综合管廊和外部管线相互衔接的部位。分支口的设置部位一般根据综合管廊总体规划确定。在和综合管廊横向交叉的路口，应设置分支口。如果道路路网比较稀疏，在综合管廊沿线每隔 150～200 m 设置一处管线分支口。

综合管廊管线分支口类型多样，没有固定的规模和形式。但应考虑到管线分支口的空间尺寸应满足管线转弯半径的需要。电缆在垂直和水平转向部位、热伸缩部位以及蛇行弧部位的弯曲半径，不宜小于表 5-5 所规定的弯曲半径。

表 5-5		电（光）缆敷设允许的最小弯曲半径		
电（光）缆类型		允许最小转弯半径		
		单芯	三芯	
交联聚乙烯绝缘电缆	$\geqslant$66 kV	20D	15D	
	$\leqslant$35 kV	12D	10D	
油浸纸绝缘电缆	铝包	30D		
	有铠装	20D	15D	
	无铠装	20D		
光缆		20D		

注：D 表示电（光）缆外径。

5.3.4 综合管廊吊装口

综合管廊吊装口(图5-16)的主要作用是满足管线、管道配件等进出综合管廊,一般情况下宜兼顾人员出入功能。吊装口最大间距不宜超过400 m。吊装口净尺寸应满足管线、设备、人员进出的最小允许限界要求。

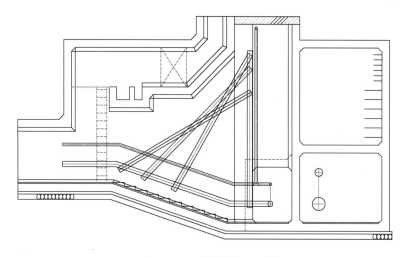

图5-16 综合管廊吊装口示意图

5.3.5 综合管廊通风口

由于综合管廊属于地下结构,长期埋设在地面以下会对综合管廊内部的空气质量产生一定的不良影响,因而需要设置一定的通风设施。综合管廊内外空气的交换通过通风口(图5-17)进行。通风口净尺寸由通风区段长度、内部空间、风速、空气交换时间所决定。通风口的位置根据道路横断面的不同而不同,可设置在道路的人行道市政设施带。

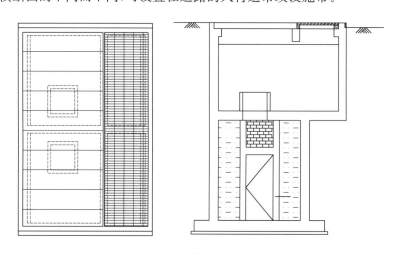

图5-17 综合管廊通风口示意图

5.3.6　综合管廊人员出入口

　　干线综合管廊、支线综合管廊应设置人员出入口(图 5-18)或逃生孔,逃生孔宜与吊装口、通风口结合设置。一般情况下人员逃生孔不应少于 2 个。采用明挖施工的综合管廊,人员逃生孔间距不宜大于 200 m;采用非开挖施工的综合管廊,人员逃生孔间距应根据综合管廊地形条件、埋深、通风、消防等条件综合确定。

　　人员逃生孔盖板应设有在内部使用时易于开启、在外部使用时非专业人员难以开启的安全装置。人员逃生孔内径净直径不应小于 1 000 mm。人员逃生孔应设置爬梯。

图 5-18　综合管廊人员出入口

5.4　综合管廊消防工程设计

5.4.1　综合管廊的火灾特点

　　综合管廊内存在的潜在火源主要是电力电缆因电火花、静电、短路、电热效应等引起的火灾。另一种火源是可燃物质如泄漏的燃气、污水管外溢的沼气等可燃气体,容易在封闭狭小的综合管廊内聚集,造成火灾隐患。

　　综合管廊是一种封闭狭长的构筑物,一般由混凝土等不燃材料砌筑而成。综合管廊内一般留有人行检修道,相隔几十米设置一个检修出入口与地面相通。为了施工、日常检修和巡视,管廊内部还设置一定的防火分隔设施,例如用来对电缆层间进行防火分隔和封堵电缆孔洞的耐火隔板,阻止火焰穿透和蔓延的防火网,在重要回路的相关部位设置的防火墙以及在"竖井"中设置的阻火隔层等。管廊两侧设有数层电缆支架,每层放置若干根电缆,综合管廊内设置有一定数量的电缆后,火灾荷载较大,使用和维护不当都可能造成火灾。

由于综合管廊一般位于地下，火灾发生隐蔽，不易察觉。另外，综合管廊为不经常下人的管线廊，火灾时一般不会发生人员伤亡，因而防灾设计无需考虑人员的疏散。

综合管廊的环境封闭狭小、出入的人孔少，火灾扑救难。火灾时，烟雾不易散出，增加了消防员进入的难度。

由于支架上放置着多束电缆，当其中一根电缆发生火灾时，便会加热、引燃并排放置的其他电缆，随着火势的发展还将引燃周围层的电缆。电缆火灾初期阶段，闷烧时间长，一旦成灾沿线流窜，火灾扑救难度大。

一般情况下，电缆火灾的发展可分为四个阶段，即预燃阶段、可见烟雾阶段、火焰阶段和剧烈燃烧阶段。

电缆由于接头制作质量不良、接触电阻过大、超负荷及短路引起的火灾，都会经过温度缓慢升高到电缆过热、阴燃，直至产生火焰，这段时间持续较长。综合管廊为无人场所，火灾发生的早期都不易被发现，当人们发现着火时，一般都已经过闷烧期并转入剧烈燃烧阶段，这时火灾已很难扑灭。

电缆的绝缘材料一点即燃，着火后燃烧猛烈，并产生大量烟雾。火焰沿着电缆线路迅速蔓延，同时将蔓延方向上的电缆绝缘材料烧毁，导致短路，并在短路沿线形成多个火点，扩大火灾蔓延范围。综合管廊与地面建筑多有连通，火势还能顺着综合管廊迅速蔓延到地上建筑，造成火灾规模扩大。

综合管廊发生火灾后，产生高温烟雾和有毒有害气体，积聚于综合管廊内，对人员和设备都会造成危害。火灾初期和末期以白烟为主，火灾发展后，如通风不良，黑烟会显著增加，能见度极低。在综合管廊中，电缆火焰最高温度可达 $800 \sim 1\,000$ ℃，最高温度点的持续时间可达若干分钟。如果火灾时没能关闭电源，带电燃烧时火焰呈现蓝色弧光，并发出巨大声响，温度高达几千摄氏度。由于综合管廊的横向隔断，使管廊内高温烟气积聚，不易散出。电缆着火产生的一氧化碳、氯化氢等大量有毒气体，对救援的消防人员危害较大。此外，普通电缆着火产生的氯化氢气体通过缝隙、孔洞会蔓延到电气装置室内，生成稀盐酸附着在电气设备上，形成一层导电膜，会严重降低设备和接线回路的绝缘性，即使将火灾扑灭后，仍会影响设备的安全运行，出现"二次危害"。

由于综合管廊结构的特殊性，发生火灾后，给迅速查明火情带来一定的困难。电缆燃烧产生的大量烟雾迅速向多个方向蔓延，导致各通道或洞口相继冒烟，外部观察不能准确判断着火位置。烟雾浓、毒气重，消防人员深入内部侦察的防护要求高，需要专用的侦检设备。一些综合管廊结构较为复杂，相互连通，沿途设有各种通道、洞口和横向隔断，给内部侦察带来一定障碍。

综合管廊火灾不仅扑救极为困难，而且还会威胁到消防人员的安全。灭火行动在黑暗和狭小的空间中进行，难以施展。射流也会受到内部阻隔物的干扰，影响灭火效果。地下密闭空间充满高温浓烟和一氧化碳、氯化氢等有毒气体，稍有不慎，易造成中毒窒息。熔融滴落的聚氯乙烯带有火苗，不但会引起新的火点，而且易使参加灭火的消防人员烧伤。综合管廊火灾，一方面会造成地面火场指挥员与进入洞内的消防人员联系困难,不能及时掌握火情。另一方面,火灾还可能会影响到整个地段(甚至更大范围)的电话通信,使报警受阻,以致无法使用电话报警和调派消防力量。

5.4.2 综合管廊的防火设计重点

1. 防火分区设置

综合管廊内设置防火分区,火灾时可有效阻止火灾蔓延。综合管廊内一般可每隔100~200 m设置防火墙,形成防火分区。防火墙上设常开式甲级防火门。各类管线穿越防火墙处用不燃材料封堵,缝隙处用无机防火堵料填塞,以防止烟火穿越分区。

建设规模大、收容管线多的重要综合管廊内宜设置适当的灭火设施。综合管廊内常用的灭火设施有灭火器、水喷雾灭火系统等。

1) 灭火器

综合管廊内均需设置灭火器。综合管廊为一相对封闭的无人空间,应在每个防火分区的人孔和通风口集中设置手提式灭火器,若检修巡视时万一发生火灾工况可及时扑灭火灾。

2) 水喷雾系统

敷设电力电缆的综合管廊宜设置水喷雾系统,水喷雾系统的设置标准为防护冷却。水喷雾宜按综合管廊的防火分区分组设置,每组水喷雾系统内设置的喷头数量按照能将保护区域全覆盖确定,系统水量由室外消火栓或消防泵房供给,每个防火分区内的水喷雾喷头宜同时作用。

水喷雾系统在每组雨淋阀前宜为湿式系统,但工程中也有将管路系统设置为干式系统,火灾时由室外消火栓及水泵接合器供水,构成临时高压水喷雾系统。一般来说,湿式系统可靠性高,灭火系统响应速度快,但因雨淋阀前的管道内充满压力水,故日常管道的维修保养要求较高。而干式系统管道内一般无水,其维修保养方便,但灭火系统响应时间相对较长。如要减少响应时间,则水泵接合器与室外消火栓设置数量需相应增加。在长度较长或电缆、光缆敷设较多的综合管廊内宜采用湿式系统。

3) 其他灭火设施

敷设电力电缆的综合管廊,也可采用脉冲干粉自动灭火装置。该装置不需要喷头、管网、阀门和缆式线型感温报警系统等繁多的设施,安装简单。

2. 火灾报警系统

由于综合管廊在施工、检修、维护时有人员进出,特别是在燃气综合管廊内布置有易燃气体的管道,为确保人身安全和管线运行安全,综合管廊内应设置火灾报警系统。

1) 系统设置原则

(1) 系统应具有高可靠性及稳定性,技术先进、组网灵活、经济合理、容易维护保养,并应具有扩展功能,抗电磁干扰能力强。

(2) 火灾自动报警系统作为独立的系统,以通信接口形式与中央计算机建立数据通信,并在显示终端上显示火灾报警及消防联动状态。

（3）火灾工况时可由火灾自动报警系统发布火灾模式指令，设备监控系统执行相应的控制程序，启动消防联动设备。紧急情况下可通过应急联动盘直接启动消防联动设备。

（4）系统供电应按一级负荷考虑，并可由弱电系统设置的 UPS 电源统一供电。

（5）系统的所有导线均应穿管敷设。

2）系统功能

（1）火灾检测功能：综合管廊内的主要管线通常包含电力电缆和通信电缆，而电力电缆的故障又是引起火灾的主要原因，需要按照一类火灾检测标准布置火灾探测器。燃气综合管廊内燃气的泄漏状况由可燃气体检测器检测，一般可不设火灾探测器。

（2）可燃气体检测功能：燃气综合管廊设有进排风口、机械通风系统和可燃气体浓度检测器等设备，可燃气体检测器可以检测燃气综合管廊内燃气的泄漏状况，并进行报警和通风联动。

（3）报警功能：综合管廊分布地域广，给集中式检测带来困难，因此宜采用分段式检测方式。报警信号经区域控制器及传输网络传至控制室，并在终端上显示报警区段。

（4）火灾处理功能：火灾发生时，中央监控系统立即转入火灾处理模式，关闭火灾发生区段及相邻几个区段的防火阀门，隔绝空气后，再启动相应区段的灭火设施。

3）系统构成

火灾自动报警系统包括可燃气体泄漏探测和火灾探测两个部分，根据综合管廊规模大小，可分为区域报警和集中报警系统。

报警系统主要由火灾探测器、可燃气体探测器和火灾自动报警控制器组成。

（1）火灾探测器：宜选用线型光纤火灾探测器，探测器宜安装在综合管廊的顶部。

（2）可燃气体探测器：在燃气综合管廊内根据管道内输送的可燃气体性质，设置相应的可燃气体探测器。

（3）火灾自动报警控制器：综合管廊内需分隔成若干个防火区段，每一区段均需设置区域火灾报警控制器，并在控制室内设置集中火灾报警主机，其间宜采用光纤通信连接。

4）通信保障

为便于综合管廊的管理、巡检、维护、管线敷设施工以及异常报警时的通信联络，综合管廊内宜配备独立的紧急电话系统。

紧急电话系统需在中控室设程控电话交换机和呼叫设备，综合管廊内每个人孔井中和每个防火区段内各设置一台紧急电话机，该电话机可以拨号呼叫中控室或系统内其他电话机。

3. 防烟排烟

综合管廊是封闭的地下空间，通常设有通风系统，排除综合管廊内的余热、废气。根据一些已建或在建工程，综合管廊火灾时通常采用密闭灭火措施或机械排烟措施。

当采用密闭灭火措施时，灭火时应关闭火灾区域的所有通风口、通风机，确认火灾熄灭后，再开启通风设备及通风口对火灾区域进行灾后通风换气。

当采用机械排烟时,启动相应区域的排烟风机排烟,为消防队员进入综合管廊内灭火提供一定的通风条件。

5.4.3　基于性能化的细水雾灭火技术

1. 细水雾的灭火机理

灭火是一个破坏燃烧条件,使燃烧反应终止的过程。其基本原理包括冷却、窒息、隔离和化学抑制。前三者为物理过程,化学抑制是化学过程。细水雾灭火系统的灭火机理主要是物理作用,化学作用可以忽略。

早期 Braidech 和 Rasbash 就对细水雾的灭火机理进行了研究,找出了两种主要的灭火机理。Mawhinney 在他的研究中又总结了其他几种灭火机理。综合起来,细水雾灭火机理主要有以下几种。

1) 气相冷却

气相冷却是指由于水的汽化,把火灾中的热量从火焰和热烟气中带走。细水雾的冷却功能是由于水被分裂成大量细小的水滴,增大了水的表面积和蒸发速率。由于水滴尺寸很小,它的比表面积很大,因而水滴的表面换热系数增大,在环境温度升高时,可以迅速汽化。由热力学可知,水的汽化潜热很大,可达大约 2 280 kJ/kg,比水的温升吸热量大得多,因而可吸收大量热量,降低空间的温度。吸热越多,火焰温度下降就越多。如果火焰温度下降到维持其燃烧的临界值以下时,火焰就熄灭了。火焰的冷却也减少了它对可燃物表面的热辐射,这样就会减少燃料的热裂解。有学者曾对甲烷和空气的火焰用细水雾和哈龙 1301 进行对比试验,发现单位质量的细水雾的冷却作用强于哈龙 1301。

2) 排斥氧气和稀释可燃蒸气

对于局部和分区应用的细水雾,雾滴受热变成水蒸气,水滴在汽化过程中体积迅速膨胀,可扩大 1 700 多倍。如果雾滴已射入火焰或在火焰周边,体积的膨胀会阻碍空气进入火焰。在火灾区域雾滴蒸发产生蒸汽后,可以大大减少该区域的氧气浓度。维持燃烧的氧气浓度是火焰大小、通风条件、封闭区域尺寸的函数。

由道尔顿定律可知,混合气体全压力等于各组成气(汽)体分压力之和。对于封闭空间而言,在水滴汽化前,氧气在空气中的比例为 21%,氮气为 79%,相应的氧气和氮气的分压力分别为 2.06×10^4 Pa 和 7.75×10^4 Pa。随着水的迅速汽化,水蒸气分压力迅速增大。据计算,对于 30 m³ 的空间,5L 水完全汽化形成的水蒸气分压力可达 2.78×10^4 Pa,相应的氧气分压力降低到 1.48×10^4 Pa,即氧气的含量将降低到 15.05%。

由于火焰消耗了氧气,细水雾形成的蒸汽冲淡了氧气,氧气浓度降低,使得火焰减小。如果燃烧、排斥和冲淡的联合作用能够将氧气浓度降至维持燃烧的临界值(极限氧气浓度 LOC)以下,火焰就会熄灭。大多数碳氢燃料 LOC 值约为 13%。

3) 润湿和冷却

润湿和冷却燃料表面,在很多情况下,对在室温下,表面上方不能形成可燃蒸气与空气混

99

合物的燃料(如固体燃料和闪点高于正常室温的液体燃料)的灭火是起决定作用的。燃料表面的润湿和冷却降低了燃料的热分解率。如果在燃料上方的可燃蒸气与空气混合物的温度降低至燃烧下限(LFL)时,火就会被扑灭。

以上是细水雾灭火的三个基本机理,除此以外,还有两个次级机理:热辐射衰减和动力学效应以及封闭效应。

2. 细影响细水雾系统灭火效果的主要因素

细水雾系统的可变因素很多,如系统压力、流动介质(单流体或双流体)、喷头形式(开式或闭式)、喷雾图形(是实心圆锥体还是空心圆锥体,是椭圆锥体还是方形锥体或扇形体等)、结构等。每种喷头都有其固有的喷雾特性,这些特性直接影响着灭火效能。影响细水雾灭火效果的因素主要有以下四种。

1) 雾滴粒径分布

雾滴粒径分布是指细水雾中具有代表性的雾滴粒径范围。它不是一个恒定值,随喷雾的位置和时间的不同而变化。最佳的水滴尺寸分布并没有一个固定的值。在给定条件下,燃料的类型、防护区的尺寸、雾滴的速度、目标的性能综合起来决定了最适宜的水滴尺寸分布。许多研究表明,粗细水滴分布良好的细水雾灭火系统比许多水滴集中在单一尺寸范围内的水雾系统具有更好的灭火能力。

2) 通量密度

通量密度是细水雾很重要的一个特性,它可以用体积单位表述,即 $L/(min \cdot m^3)$,更为实用的是使用面积单位表达,即 $L/(min \cdot m^2)$。具有与火灾相合的水雾质量,才能充分吸收火灾释放的临界热量值。

3) 喷射动量

喷射动量是喷射出的细水雾与它所夹带进来气体(空气和烟气)的共同质量与它们速度的乘积。雾滴动量包括三方面的因素:喷雾速度、相对于火羽流的方向、传递到火焰或到达燃料表面的水滴质量。一般来讲,质量流量是定值,当增加喷雾速度时,也增加了夹带空气的速度,提高了喷射动量。由于动量是一个矢量,它相对于火焰或火源的方向会影响灭火效能。如果正对火焰,就会使细水雾穿进火焰(如果喷雾动量大于火焰阻力的话),在火中蒸发的水蒸气就被带入起火部位,这样就将火扑灭。如果喷雾方向与火焰方向相同,雾滴和水蒸气就会被火焰带走,不能起到强化蒸发和冷却作用。由此可见,同一喷雾速度大小的喷嘴,由于速度方向不同或是由于其夹带的空气程度不同,喷射动量会有较大差异,灭火效果也就不同。

4) 添加剂

通过添加剂的使用改变水的化学特性,从而影响细水雾的灭火效果。氯化钠、抗冻剂、成膜剂、A 类或 B 类泡沫灭火剂、增强对固体火灾穿透能力的表面活性剂和乳化剂、阻燃的盐类和防止海藻繁殖的生物杀灭剂等,这些添加剂的使用可提高细水雾的灭火效果。

5.5 综合管廊通风系统

5.5.1 综合管廊通风的必要性

由于综合管廊属于封闭的地下构筑物,在不采取任何通风措施之前,通风极差,本身空气流通不畅,使综合管廊内部小气候更加稳定,温度更适宜,湿度更湿润。这种密闭环境很容易滋生尘螨、真菌等微生物,还会促使生物性有机物(例如生活污水、有机垃圾等)在微生物作用下产生很多有害气体,常见的有一氧化碳、氨气等,同时还会引起管廊内氧气含量的减少,这就需要通风系统改善管廊内的空气质量,确保管廊内各类管线处在良好的工作环境中,保证有害气体等处在较低浓度水平。若管廊内温度处在合适的范围内,还可起到一定的保温效果。

另外,管廊内铺设的电线电缆、供热管道等在使用过程中都会散发出大量的热量,若铺设有燃气管线,还有可能会出现可燃气泄露等危险情况,因此综合管廊更要设置通风系统,在可燃气体泄露或有毒气体浓度过高时能及时通风,保证管廊内部的余热及危险气体能及时排出,并为检修人员提供适量的新鲜空气,确保维修人员的人身安全,降低事故发生率。当管廊内发生火灾时,通风系统也能将有害气体及烟雾及时排出。

5.5.2 综合管廊通风的技术形式

综合管廊通风系统可利用管廊本身作为通风通道,在适当的位置设置排风竖井或通风口,并可将竖井或通风口与吊装口结合起来,做到外形美观,功能综合,降低投资。通风系统设备宜与各种监控传感器相连,能够实现自启动,并能手自动切换。

从实现机理上来划分,目前国内外综合管廊广泛使用的通风技术形式主要有自然通风和机械通风两种。

1)自然通风

自然通风作为一种古老的通风技术因其无可比拟的节能环保优势现在仍被广泛使用。只要风口内外两侧存在压力差,就会有气流穿过风口,产生通风量。按照产生压力差的不同原因,自然通风可以分为利用风压通风和利用热压通风。

风压通风主要是利用迎风面和背风面的压力差形成气体的流动,从而达到通风的效果。要增加风压通风效果,就需要增大压力差来增大通风量,这就需要提高进排风口的高度差来实现,就会出现排风口建得很高的情况,影响外观。

热压通风主要是利用不同位置温度的不同产生热流量,产生气体流动的动力,达到改善空气质量的效果。要提高热压作用,就需要提高管廊内外湿差。理论上只要进排风口的位置及高度达到一定要求时,通过自然通风就可以排走管廊内电缆的散热,这样便可以节省通风设备投资和运行费用。但这就要求把排风井建得很高,且通风分区距离过长,这样导致土建费用增大,成本增加。

2）机械通风

机械通风包括"自然进风，机械排风"、"机械进风，自然排风"和"机械进风，机械排风"三种形式。机械通风主要是通过机械装置（如排气扇、轴流风机等）对管廊内部气体进行强制流通。机械通风的优点是增长了通风分区的长度，减少了进、排风竖井的数量，而且有利于迅速改善管廊内的气体质量，但由于通风分区的增长，导致选用风机的风量及风压均较大，从而增加设备初投资及运行费用，并且会产生一定的噪声。

另外，近年来，在自然通风的基础上，出现了辅以无风管的诱导式通风技术，即在管廊内沿纵向方向布置若干台诱导风机，使室外新鲜空气从自然进风口进入管廊后以接力形式流向排风口，达到通风效果。无风管诱导式通风在国外地下建筑通风设计中经常采用，是非常可靠的通风方式。诱导风机的功率较小，这样就可以较低的日常运行费用解决自然通风的部分缺点，如管廊内外温差较小导致通风不足的问题，进排风口距离受限制和排风竖井建得太高影响景观的问题等。这种诱导式通风的缺点是通风设备初期投资较自然通风要大得多。

5.5.3 综合管廊通风的设置原则

综合管廊通风技术的选择应该遵循实用性、经济性和环保性的原则。

（1）实用性。选用的通风方式既要确保管廊在正常运营下有良好的通风环境，又要确保在事故工况下有利于管廊的通风换气和人员的疏散。

（2）经济性。选用的通风方式要考虑节约工程投资及正常的运营、管理成本等。

（3）环保性。选用的通风方式必须达到节能要求，另外，风机的噪声对周围环境的影响须符合环保的相关规定和要求。

5.5.4 综合管廊通风的技术标准

1. 通风量

综合管廊的通风量由式（5-1）确定：

$$Q = VA \tag{5-1}$$

式中　Q——综合管廊的通风量，m^3/s；

　　　V——管廊内的断面风速，m/s；

　　　A——管廊的有效断面积，m^2。

管廊的断面风速 V 由式（5-2）确定：

$$V = \frac{L}{qAR_e\ln\left(\dfrac{1}{1-\dfrac{\Delta T}{WR_e+T_0-T_1}}\right)} \tag{5-2}$$

式中　q——空气的定压比热，$W \cdot s/(cm^3 \cdot ℃)$；

A——管廊的有效断面积,cm^2;

R_e——土壤的热阻,℃·cm/W;

ΔT——出入口的空气温度差,℃;

W——电缆的发热量,W/cm;

L——管廊的长度,m;

T_0——土壤的基层温度,℃;

T_t——进气口的温度,℃。

土壤的热阻 R_e 由式(5-3)确定:

$$R_e = \frac{g}{2\pi}\ln\left[\frac{2l}{D} + \sqrt{\left(\frac{2l}{D}\right)^2 - 1}\right] \tag{5-3}$$

式中 g——土壤的固有热阻,℃·cm/W,干燥地取 120,普通地取 80,湿地取 40;

l——综合管廊的平均深度,m;

D——管廊的当量直径,m。

通过式(5-1)—式(5-3)的计算,可求得综合管廊的通风量。

2. 管廊内风速

综合管廊的通风口一般都建于人行道旁的绿化带内,风口接近人行道,因此通风口处的风速不能对行人造成影响,不宜过大。另外,通风口又必须满足管廊内气体迅速排出的要求,因此也不宜过小。一般认为,通风口处风速以不超过 5 m/s 为宜,而管廊内部的风速不能超过 1.5 m/s。

3. 通风口结构

进排风口一般处于绿化带内,为了防止落叶或者小动物进入综合管廊内部,在通风口处应设置隔离措施,如不锈钢百叶风口,且网格净尺寸不能大于 10 mm×10 mm。

4. 机械风机

机械风机在通风口处兼作排气和排烟用。风机的选择应符合节能环保要求。风机的最大通风量应能满足机械排风和排烟时的需求,能耗也不能过高,同时,为了尽量不影响周围人们的正常生活,通风口处风机的噪声在 3 m 的半径范围内必须控制在 55 dB 以下。

5. 控制设备

综合管廊内的通风系统要和监控设备结合,并能够根据监测控制的要求运行。当某一区间温度过高,超过 40 ℃或者需要进行线路检修时,需关闭该区间自然排风口处的全自动防烟防火阀,并同时开启该区间的排风机,对该区间进行机械通风,室外新鲜空气由进风口进入管廊,沿综合管廊流向排风口,并由排风机排至外界,改善内部空气质量。当管廊内部发生火灾时,或管廊内部温度超过 280 ℃时,防火阀应能够自动关闭,进排气口均关闭,待管廊内部火熄灭后,含氧量低于 19%时,开启排风机(排烟机),对管廊内部进行强制通风。

5.6 综合管廊排水工程

由于综合管廊内管道维修的放空,发生火灾时需进行水喷雾和供水管道可能发生泄漏等情况,将造成一定的积水,因此,在综合管廊内部需要设置有组织的排水系统,以及时排除内部的积水。

5.6.1 综合管廊排水分析

一般情况下综合管廊内主要包括电力、通信、供水等多种市政公用管线。综合管廊内需要排除的积水主要包括:

(1)供水管道连接处的漏水;

(2)供水管道检修时的放水;

(3)供水管道事故时的水;

(4)综合管廊内的冲洗水;

(5)综合管廊结构缝处渗漏水;

(6)综合管廊开口处漏水;

(7)消防排水。

除了综合管廊内部管道检修时的放空水、管道发生事故时的渗漏水、发生火灾时的消防水之外,其他情况下综合管廊内部积水很少,因而综合管廊的排水设置一般情况下仅考虑常规排水。

5.6.2 综合管廊排水设置

1. 综合管廊的排水边沟

为了有组织地排除综合管廊内的积水,一般在综合管廊底板两侧或单侧设置排水沟,排水沟断面尺寸采用 200 mm×100 mm 或 100 mm×100 mm。综合管廊底板人行通道的横向坡度控制在 2%左右。综合管廊纵向坡度拟采用 2‰~5‰。

2. 综合管廊的集水坑

综合管廊内部按每 200 m 设置防火分区,一般情况下每个防火分区内的排水由各自防火分区内的排水泵完成。集水井设置于每一防火分区的低处,每座集水井内设置一台或两台潜水排水泵,排水管引出综合管廊后就近排入道路雨水管。

5.7 综合管廊监控系统

5.7.1 综合管廊的监控中心

综合管廊是城市的生命线,为了保证综合管廊安全、可靠地运行,需要设置一套完善的监控系统,而监控中心就是综合管廊的核心和枢纽。综合管廊的监控应明确监控的目标、功能、规模和等级。综合管廊的管理维护、防灾、安保、设备的远程控制,均在监控中心内部完成。

监控中心内部监控的主要对象包括照明系统、配电系统、火灾报警系统、通风系统、排水系统等。

综合管廊控制中心的位置应在综合管廊系统规划阶段予以明确,建设形式可以和综合管廊或其他公共建筑合建。综合管廊的监控中心最好紧邻综合管廊的主线工程,其间设置尽可能短的地下联络通道,这样从综合管廊监控中心到综合管廊内部就比较方便。

综合管廊监控中心面积的大小除了要满足内部设备布置的要求之外,有时还要考虑其他因素,如参观展示功能。

5.7.2　综合管廊信息检测与控制

综合管廊内敷设有电力电缆、通信电缆、给水管道,附属设备多,为了方便综合管廊的日常管理,增强综合管廊的安全性和防范能力,根据综合管廊结构形式、综合管廊内管线、附属设备实际布置情况及日常管理需要,配置综合管廊工程信息检测与控制系统。

控制中心设置一定数量的监控计算机、工业以太网交换机、打印机、UPS(带双电源自切)、服务器。监控计算机通过工业以太网交换机与现场 ACU 控制器通信,彩色显示器上能生动形象地反映出综合管廊建筑模拟图、沟内各设备的状态和照明系统的实时数据。监控计算机同时还向现场 ACU 控制器发出控制命令,启停现场附属设备。附属设备监控系统通过通信接口与火灾报警系统联网。

服务器除了附属设备监控系统历史数据的存储,还需在数据库内整合火灾报警系统的数据,并担负与其他必要的管理控制中心通信的任务。

控制中心监控计算机以星型结构 100 Mbps 以太网(五类屏蔽线)连接至控制中心工业以太网交换机。

控制中心设置 Modbus-以太网网络协议转换器,通过 Modbus 与总变配电所变配电相关设备通信,完成总变配电所内相关设备的监控。

在综合管廊内每个区段吊装口处设置一套 ACU 箱(箱内安装:PLC 1 套、卡轨式工业以太网交换机 1 台、视频服务器 1 台及 UPS 1 台,箱外侧面安装 IP 电话机 1 部)。

现场 ACU 箱内交换机通过 100 mbps 光纤网连接至控制中心工业以太网交换机。沟内网络结构采用 10/100 Mbps 以太环网。传输介质采用 1 根 6 芯多模光缆。

每个区段内通过 PLC 控制的设备:通风排烟机;排水泵;区段照明总开关;水管上电动阀门。

每个区段内 PLC 采集的信息:各区段的温湿度、氧气浓度;集水坑的水位上限信号、开/停泵水位;爆管检测专用液位开关报警信号;通风排烟机、排水泵、区段照明总开关工况;吊装口红外对射报警装置报警信号;水管上压力开关压力低的报警信号和电动阀门工况。通过Modbus 采集配电柜电气参数(包括设置在部分区段的分变配电所相关设备的电气参数)。

5.7.3　火灾报警及联动控制系统

综合管廊内的主设备为大量的电力电缆和通信电缆,而电力电缆的故障又是引起火灾的主要原因,考虑到电力电缆的起火过程一般是电缆的绝缘层先受热冒烟,再起明火,所以根据综合管廊断面尺寸和所选探测器的作用范围,选用防潮式烟感火灾探测器,在综合管廊每个区段内间隔 14 m 布置 1 个智能型感烟探测器(带防潮底座)。

为及时通知管廊内工作人员在火灾发生时及时撤离,在综合管廊每个区段内(长约 200 m)均布 4 套声光讯响器、4 套手动火灾报警按钮。当探测到火灾发生时,控制中心火灾报警控制器和综合管廊内相应分区的警铃同时启动,亦可通过按下手动火灾报警按钮启动警铃。

在区段内照明配电箱、动力配电箱、雨淋阀等处设置信号控制模块。

在控制中心和消防水泵房设置消防电话、警铃、手动报警按钮和信号控制模块。

报警模式有以下三种形式。

(1) 自动确认模式:任何一个报警区域,如有一个火灾智能探测器报警,同时有一个手动报警按钮报警,或者两个及两个以上智能火灾探测器同时报警,则火灾报警系统自动确认报警。火灾确认后,火灾报警控制器发出指令,启动相关消防设备。

(2) 人工确认模式:如果报警区域只有一个火灾智能探测器报警,应派人到报警现场确认。火灾经人工确认后,火灾报警系统启动相关消防设备。

(3) 消防联动模式:当系统确认为火警后,立即进入火灾处理程序,进行如下的火灾控制处理。

① 开启相应区段和相邻区段的警铃;

② 切断相应区段非消防用电;

③ 关闭通风排烟机;

④ 关闭自然进风阀;

⑤ 启动消防水泵,打开相应区段电控雨淋阀水喷雾进行灭火,待火焰熄灭并且温度降低后,停止消防泵,关闭电控雨淋阀;

⑥ 开启通风排烟机和进风阀进行换气。

5.7.4　安保系统

安防系统包括红外线对射报警和视频监视两大部分。

在每个吊装口设置双光束红外线自动对射探测器报警装置,其无源触点报警信号通过视频服务器送入控制中心安防计算机,安防计算机显示器画面上相应区段和位置的图像元素闪烁,并产生语音报警信号。

正常情况下,安防计算机按顺序或指定区间显示现场图像画面。当某区间吊装口摄像机视频移动检测报警、或爆管专用液位开关报警、或红外防入侵装置报警、或水管上压力开关低压力报警时,控制中心安防计算机自动显示相应区间的图像画面。

5.8 综合管廊配电系统

5.8.1 负荷等级及电源

根据综合管廊负荷运行的安全要求,消防泵、排烟风机、进风阀、排水泵、监控设备、疏散照明为二级负荷;一般照明、检修插座箱为三级负荷。由城市电网就近提供两路 10 kV 电源,电源运行方式为两常用。

根据综合管廊负荷性质,综合管廊工程一般采用 10 kV 和 0.4 kV 两个电压等级。按负荷供电分区情况,每一分区需在负荷中心位置设置 10/0.4 kV 变配电所一座,其中综合管廊控制中心设 10 kV 总变配电所,沿线另设分变电所。

5.8.2 10 kV 配电系统

变电所 10 kV 侧采用单母线分段不联接线,控制中心变电所由就近城市电网引入 2 路 10 kV 常用电源,所内 2 台变压器由 10 kV Ⅰ,Ⅱ段母排直接供电,同时,Ⅰ,Ⅱ段母排各馈出一回路 10 kV 电缆配送至分变电所,形成双回路树干式供电结构。

0.4 kV 系统控制中心等负荷采用放射式供电为主。综合管廊沿线负荷采用树干式配电方式为主,为就近综合管廊每一防火分区中的动力、照明配电箱供电。配电原则:动力配电箱由不同变压器低压母排双回路树干式供电,末端自切;照明配电箱由变压器低压母排单电源供电。疏散照明由动力配电箱专用回路供电,另设在线蓄电池作后备电源。

5.8.3 配套设备

1. 电力监控

变电所除正常的开关柜面板上显示主要的电压、电流、功率等功能外,还预留 10 kV 进、出线,0.4 kV 侧进线、分段主开关及主要馈电回路开关的状态、系统电量等信号的通信接口,供监控系统遥测、遥信。

2. 继电保护

10 kV 进线的延时、速断、过流保护;10 kV 出线的速断、过流保护;变压器的熔断器保护。0.4 kV 进线的电流三段保护;0.4 kV 出线的电流二段保护;消防水泵和排烟风机负载回路的过负荷仅作用于报警。

3. 无功功率补偿

综合管廊照明灯具采用电子镇流器型荧光灯,以提高自然功率因数。在每处变电所 0.4 kV 侧采用电力电容器集中自动补偿,使 10 kV 总进线侧功率因数控制在 0.9~0.95。

4. 防雷与接地

变电所或变电所所在办公用房按第二类防雷建筑物设置防雷措施,配电系统中设置避雷器、电涌抑制器等过电压保护装置。

0.4 kV 配电系统采用 TN-S 制。工作接地、保护接地与防雷接地共用接地装置,接地电阻不大于 1 Ω。配电线路大于 50 m,PE 线需重复接地。设备金属外壳和可导电金属体采用等电位联接方式。

5. 计量

二路 10 kV 电源采用高供高计,每路电源由供电部门设专用有功和无功电度表计,作业计量。每处变电所 0.4 kV 总进线侧均设有功电度测量,作运营内部考核计量。

5.8.4 动力设备的配电和控制

在综合管廊每段防火分区的吊装口内安装一台动力配电箱,负责该防火分区内动力设备的配电和控制,在排烟风机、排水泵等处就地设置专用机旁按钮箱对设备进行现场控制。主回路设备就地设负荷开关,作检修隔离用。综合管廊内沿线每隔 30 m 左右设插座箱,作施工安装、维修等临时接电之用。

专业管线电动阀由就近动力配电箱提供电源,在专业单位授权情况下,由自控系统控制。

设备电动机均采用直接起动方式。

综合管廊排烟风机设就地手动操作和监控系统遥控二级,风机状态信号反馈监控系统,风机控制回路预留消防联动接口。

排水泵设水位自动控制、就地手动检修操作二级,最高水位报警信号、排水泵状态信号反馈监控系统。

消防泵组设就地手动控制和与火灾报警系统联动控制二级,并与监控系统遥信。

5.8.5 照明系统

控制中心管理楼设办公一般照明和事故应急照明,中心控制室照度标准为 300 lx。照明灯具由管理楼照明配电箱供电,就地手动开关。应急照明灯具附带后备蓄电池,应急时间不小于 30 min。

综合管廊内设一般照明和疏散照明。普通段照度不小于 15 lx,人孔、吊装口及防火分区门等处局部照度提高到 100 lx。每段防火分区内的一般照明灯具由安装于吊装口的该分区照明配电箱统一配电和控制,在人孔、吊装口、防火分区门处设手动开关按钮,并设监控系统遥控接口,照明状态信号反馈监控系统。疏散指示照明灯具由动力配电箱专用回路供电,照度不少于 0.5 lx,间距不大于 15 m,附带后备蓄电池,应急时间不小于 30 min。

照明灯具光源以节能型荧光灯为主,综合管廊内照明灯具防护等级采用 IP65,I 类绝缘结构,设专用 PE 线保护。

5.8.6 综合管廊的接地

综合管廊内集中敷设了大量的电缆,为了综合管廊运行安全,应有可靠的接地系统。除利用地下构筑物主钢筋作为自然接地体,在综合管廊内壁将各个构筑物段的建筑主钢筋相互连接构成法拉第笼式主接地网系统。综合管廊内所有电缆支架均经通长接地线与主接地网相互连接。另外,在综合管廊外壁每隔 100 m 处设置人工接地体预埋连接板,作为后备接地。综合管廊接地网还应与各变电所接地系统可靠连接,组成分布式大接地系统,接地电阻应不大于 1 Ω。

6 地下环卫工程规划与设计

6.1 地下环卫工程概述

垃圾是人类日常生活和生产中产生的固体废弃物,由于排出量大,成分复杂多样,给处理和利用带来困难,如不能及时处理或处理不当,就会污染环境,影响环境卫生。垃圾处理就是要把垃圾迅速清除,并进行无害化处理,最后加以合理利用。

当今广泛应用的垃圾处理方法是卫生填埋、高温堆肥和焚烧。垃圾处理的目的是无害化、资源化和减量化。

由于城市垃圾成分复杂,并受经济发展水平、能源结构、自然条件及传统习惯等因素的影响,所以国内外对城市垃圾的处理一般是随国情的不同而不同,往往一个国家的不同城市也采用不同的处理方式,很难有统一的模式。但最终都是以无害化、资源化、减量化为处理目标。

从应用技术上看,国外主要采用填埋、焚烧、堆肥、综合利用等方式,机械化程度较高,且形成系统及成套设备。从国外多种处理方式的情况看,有以下趋势:

(1)发达国家由于能源、土地资源日益紧张,焚烧处理比例逐渐增多;

(2)填埋法作为垃圾的最终处置手段一直占有较大比例;

(3)农业型的发展中国家大多数以堆肥为主;

(4)其他一些新技术,如热解法、填海、堆山造景等技术,正不断取得进展。

垃圾焚烧是世界各国广泛采用的城市垃圾处理技术,大型的配备有热能回收与利用装置的垃圾焚烧处理系统,由于顺应了回收能源的要求,正逐渐上升为焚烧处理的主流。工业发达国家,特别是日本和西欧,普遍致力于推进垃圾焚烧技术的应用。国外焚烧技术的广泛应用,除得益于经济发达、投资力强、垃圾热值高外,主要在于焚烧工艺和设备的成熟、先进。世界上许多著名公司投入力量开发焚烧技术与设备,且主要设备与附属装置定型配套。工业发达国家主要致力于改进原有的各种焚烧装置及开发新型焚烧炉,使之朝着高效、节能、低造价、低污染的方向发展,自动化程度越来越高。

在垃圾焚烧处理过程中,一直存在"焚烧"与"反焚烧"的争议,在民众中引发了很大的轰动。政府拟在各大城市建立城市垃圾焚烧处理厂的提案,往往会遭到广大市民的激烈反对,在城市中心及边缘建立垃圾焚烧区域弊大于利。关于城市垃圾的处理,各国大部分采用的是焚烧和掩埋的处理方法。但是,问题并不这么简单,世界绿色环保组织最为关注的人类垃圾处理问题是一件很棘手的事。城市垃圾的最佳处理方式已不是以往采用的最简单的焚烧和掩埋办法。当今,人类不得不重新思考自己生产的垃圾应该如何消纳处理,掩埋和焚烧都不是最佳方案。

随着中国经济的发展和人民生活水平的提高,城市垃圾中可燃物、易燃物含量明显增加,热值显著增大,一般经过分类、分选等预处理后,垃圾热值已接近发达国家城市垃圾的热值。因此中国一些城市,特别是沿海经济发达地区等已具备了发展焚烧技术的基础。

　　垃圾的收集也有新技术的产生,其中值得一提的就是真空管道垃圾收集系统(图 6-1)。真空管道垃圾收集系统是国外发达国家近年来发展使用的一种高效、卫生的垃圾收集方法,在国外应用广泛且技术已经相对成熟。它主要适用于高层公寓楼房、现代化住宅密集区、商业密集区及一些对环境要求较高地区。该系统在欧洲城市新建区及卫星城、世博会、体育运动村等有过示范性质的应用。在亚洲的应用主要集中在日本、新加坡和中国香港,上海、广州也有应用。根据广州的城市规划,市政府将重点把金沙洲打造成为拥有山林湖泊的广州住宅示范小区,市市容环卫局在金沙洲的环卫专项规划中引入真空管道垃圾收集系统,进行高标准建设,彻底解决垃圾收集过程中产生的二次污染问题。按照 2004 年 4 月《广州金沙洲居住新城控制性详细规划》,规划区面积约有 9 km²,该居住新城的规划总人口为 11.5 万人。据测算,居住区完全建成后日产生活垃圾约 152 t。按照市市容环卫局的规划,这里将配套建设 4 套居民生活垃圾真空管道收集系统。据初步估算,居民生活垃圾真空收集系统投资约为每万人 2 000 万~2 500 万元,广州市金沙洲住宅新城居民生活垃圾真空收集系统规划正在实施之中。

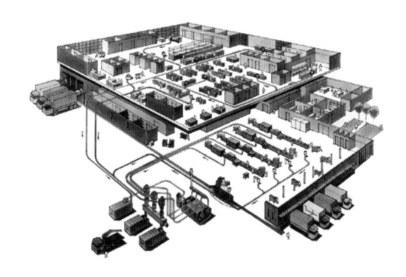

图 6-1　垃圾管道化收集系统示意图

　　在上海世博会园区建设中,对生活垃圾收运处置实施方案采用真空管道垃圾收集系统。世博会期间平均日、高峰日和极端高峰日生活垃圾产量约为 124 t/d,180 t/d 和 236 t/d。世博会园区实行生活垃圾分类收集,分为可回收垃圾、其余垃圾和有害垃圾三大类。有害垃圾采用单独收运方式,进入上海市统一处置系统。可回收垃圾和其余垃圾按浦西和浦东区域分别组织物流。世博会园区收运方式以小型压缩站收集为主,结合部分区域采用高效、卫生、便利的气力输送系统(图 6-2)。浦西地区采用小压站收集方式,浦东地区在世博轴两侧永久场馆覆盖区域采用气力输送方式收集,其他区域采用小压站方式。气力输送区域作业方式为在开馆期间和闭馆后一段时间内连续作业,收集中心进行压缩装箱,由垃圾收集车运往处置厂。小压站区域作业方式为由小型收集车辆至各收集点（包括废物箱）分类收集垃圾至各小型压缩收集站，直运或转运至各处置厂。

图 6-2　上海世博会垃圾管道化收集投放口

6.2　地下环卫工程规划

环卫工程规划首先应根据规划数据来预测固体废弃物，目前以规划常住人口数量为主要参数对生活垃圾产量进行预测。

6.2.1　生活垃圾及固废物日产量预测

1. 生活垃圾日产量预测

生活垃圾日产量预测值按照式(6-1)确定：

$$Q = R \cdot C \cdot A_1 \cdot A_2 \qquad (6\text{-}1)$$

式中　Q——生活垃圾日产量，kg；

　　　R——本区域内规划常住人口数量，人；

　　　C——人均生活垃圾日产量，kg/人；

　　　A_1——生活垃圾日产出不均匀系数；

　　　A_2——居住人口变动系数。

2. 固体废弃物组成预测

固体废弃物组成类别一般参考所在城市生活垃圾组分数据，并进行适当调整。参考广州大学城环卫规划，其固体废弃物组成预测比例见表 6-1。

表 6-1 广州大学城固体废弃物组成预测表

年份	有机物					无机物		
	易腐有机物	<15 mm	纸、木	塑胶	布	金属	玻璃	砖瓦
广州老城区 1990	37.56%	41.89%	1.42%	1.99%	0.98%	0.60%	1.39%	14.16%
广州老城区 1993	49.38%	31.77%	3.11%	4.85%	2.11%	0.69%	2.16%	5.93%
广州老城区 1995	61.81%	10.26%	3.30%	12.58%	4.12%	0.72%	2.63%	4.58%
广州老城区 1997	49.27%	14.13%	6.39%	17.54%	4.31%	0.79%	3.01%	3.86%
番禺 2000	58.34%	17.05%	5.63%	15.03%	2.41%	0.07%	0.70%	0.79%
广州大学城(小谷围岛地区)预测	51.3%	23.0%	6.0%	10.4%	2.8%	0.6%	2.0%	3.9%

3. 固体废弃物减量化措施

固体废弃物减量化措施是指源头减量化措施,主要包括实施净菜进城、垃圾分类收集及废品回收、包装容器循环利用及垃圾排放按量收费等措施。

参照广州市环境卫生总体规划,广州市生活垃圾减量化措施的实施进程见表 6-2。

表 6-2 生活垃圾减量化措施实施进程

年份	净菜进城	垃圾分类收集率	容器包装回收率	垃圾排放按量收费率
2005	57%	40%	20%	10%
2010	80%	80%	40%	20%
2015	100%	90%	60%	50%

6.2.2 收集、运输、处理处置方案

生活垃圾的收集、运输、处理处置方案的设计必须考虑当地的城市经济发展水平、工业化水平、人口的数量和整体素质、居民的生活习惯和消费特点、城市的商业化程度以及当地的地理条件等因素。

生活垃圾的收集、运输、处理处置方案的组成环节如图 6-3 所示。

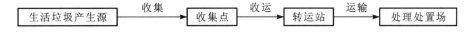

图 6-3 生活垃圾的收集、运输、处理处置方案的组成环节

总的方案要求:垃圾收运、处理作业采用专业化公司合约承包制,尽量提高生活垃圾收集、运输过程的机械化、密闭化作业程度,做到源头减量、分类收集、分类运输、综合处理。生活垃圾产生源(主要是居民家庭)完成生活垃圾粗分类,分为五类,居民常分类的类别为前三类。

(1) 有机易腐物(厨余):以厨房垃圾为主,包括果皮、食品残渣等。

（2）有机废品（可燃废品）：废纸（报纸、书刊杂志、纸板等）、塑料、破布等。

（3）无机废品（不燃废品）：主要是金属和玻璃。

（4）粗大垃圾：包括废旧家具、电器等。

（5）危险有害类：旧电池、日光灯管、废油、过期药品、易燃易爆品。

生活垃圾从生活垃圾产生源收集起来的环节采用从分类袋装上门收集。从收集点到垃圾转运站的运输采用密闭人力三轮车运输。垃圾转运站采用埋地式中型二厢式压缩转运站。从垃圾转运站到垃圾处理处置场的运输采用后装式密闭压缩车。

6.3 地下环卫工程设计

6.3.1 垃圾中转站工艺流程设计

为充分利用地下空间资源，一般采用竖式垃圾压缩转运工艺，其主体工艺流程如图 6-4 所示（干、湿垃圾一致）。

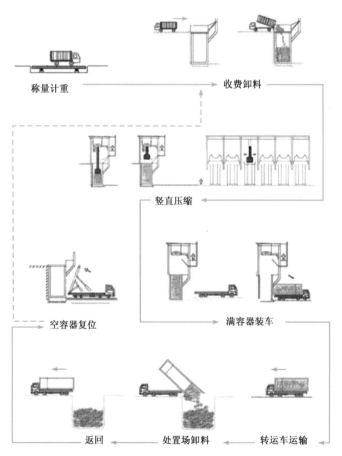

图 6-4 地下垃圾中转站工艺流程示意图

垃圾分流转运物料包括干垃圾和湿垃圾,其中干垃圾即传统的干垃圾,湿垃圾主要是厨余垃圾、餐厨垃圾等,其特点是含水率高、有机物含量高、含油量高。湿垃圾因含水率高(餐厨垃圾中含水率为近 90％),故其压缩比十分有限。垃圾转运基本是小车换大车的过程。但考虑到本工程服务区域内,生活垃圾分类收集工作的全面开展需要一个过程,因此近期湿垃圾的产量和垃圾中厨余、餐厨垃圾所占比重将较小,湿垃圾的压缩转运的流程与干垃圾一致。

1. 垃圾收集车进出站称重计量

装满垃圾的垃圾收集车驶进分流转运中心后,经过称重计量后方能驶向卸料大厅。不同类别的垃圾根据指示分别进入相应指定的卸料泊位卸料,卸入相应的竖直放置的容器中,其中干垃圾卸入干垃圾装载容器,湿垃圾卸入湿垃圾装载容器。卸料完毕经过称重计量后再离开分流转运中心。

称重计量的目的在于准确记录分流转运中心每天的垃圾处理量,便于实现企业化管理;便于垃圾收集车在分流转运中心内的作业调度;便于掌握垃圾收集车运行状况;便于了解和掌握分流转运中心服务区域内生活垃圾产出量的变化规律和增长趋势。

2. 空容器装料准备

垃圾收集车卸料之前,需将空容器垂直竖起,放置到卸料容器停泊位。转运车将空载容器由容器堆放区背起,放入卸料泊位容器停泊位,该过程由监视器通过监控系统进行控制,保证空容器准确就位。

当空容器完全定位后,除掉容器盖保护装置,由钢丝牵引机构打开容器盖,同时放下卸料溜槽,卸料溜槽与容器盖门形成卸料漏斗,防止垃圾散落,以使垃圾卸料顺利。

3. 垃圾收集车卸料

经称重计量后的垃圾收集车进入卸料大厅,根据中央控制室和现场调度指示,干、湿垃圾收集车分别倒车驶向相应指定的容器停泊位,监控系统根据车辆到达信号将指定泊位的快速卷帘门打开,卸料大厅上靠近容器停泊位处的限位设施使垃圾收集车的尾部对准竖直放置的容器进料口。这时,容器顶端的盖门已打开,与容器上方的卸料溜槽共同围成一卸料漏斗。当垃圾收集车的尾部对准竖直放置的容器进料口后,打开尾部卸料门,将垃圾卸入容器内。垃圾收集车卸料完毕,容器泊位卷帘门快速关闭,确保卸料泊位臭气不外溢,收集车驶离卸料大厅,驶离分流转运中心。

如此完成一次垃圾收集车卸料过程。垃圾收集车的卸料过程受中央控制室监控及卸料大厅工作人员现场指挥,收集车在卸料大厅流向畅通,不会造成卸料过程不必要的等待。

4. 垃圾压缩

进站垃圾收集车被指定到相应的容器停泊位,进行垃圾卸料作业,直至容器装满垃圾。当容器装满垃圾后,根据监控室指示,启动自动压实器,压实器由 PLC 控制,准确到达指定的容器停泊位,再按下操作按钮,压实器即向下伸入容器内部将垃圾压缩之后,压实器自动退位。然后,再由垃圾收集车往容器内卸入垃圾,装满后再压,直到容器内的垃圾量达到设计的装载量,此过程需要 2～3 次。中央控制室可准确控制容器内装载的垃圾量,一旦装载量达到设计值,控制系统即发出信号。用于卸料溜槽升降的电动机带动钢丝牵引机构将卸料溜槽提升,并固定在相应位置,然后启动用于容器盖门开闭的电动机,带动钢丝牵引机构将容器盖门缓缓放下,当容器盖门合上后,由人工装上安全保护装置。

5. 满载容器装车、运输和卸料

1) 容器装车

容器装满垃圾后,由转运车上的钢丝牵引机构将容器由竖直装载位置转换成水平状态并放置在车辆底架上。此时先由钢丝牵引机构的支架紧靠并提升容器,将容器与机构的支架相贴,然后支架再缓慢地回到水平位置与车辆底架结合。为最大程度减少对周围环境影响,容器装车作业过程在室内完成。

2) 容器的运输和卸料

垃圾转运车驶离分流转运中心,将装满垃圾的容器运往后续处理设施。

在后续处理设施,满载容器在运输车上,打开卸料门,用后倾自卸方式进行卸料。卸料完毕,空载容器由转运车带回分流转运中心,待复位。

3) 容器在站内的移动

转运车除上述的装车、运输、卸料和复位的功能外,还具有移动容器的作用。即在垃圾进站高峰期和交通不畅时,利用站内的转运车将装满垃圾的容器移动至站内的容器堆放区,竖直地放置(不可水平放置),待转运车返回后即可将装满垃圾的容器装车外运。

另外,转运车返回分流转运中心时,如果没有空闲的泊位或转运车正在工作,可将空容器竖直地放到站内的容器堆放区,等待复位,这样,可减少转运车的配置数量,降低设备投资,节约时间,提高工作效率。为最大程度减少对周围环境影响,容器装车作业过程也在室内完成。

6.3.2 监控系统

监控系统是生活垃圾分流转运中心整体方案中的一部分,监控系统在垃圾分流转运的运营中,起到保障站内各种设备作业有序、站内生产安全、调度科学合理、降低运营成本、提高运营效率等作用,其目的就是使整个转运站智能化,能够高效自动化运作起来,监控系统可极大提升整个转运站的工作效率,体现整个转运站整体化、系统化、集约化、模块化和人性化的设计理念。

1. 系统构成

垃圾转运站监控系统主要由一套视频监控系统和一套监控管理系统组成。

视频监控系统主要完成对各泊位及采集厅、转运厅、进出口等位置的视频监控及录像。

监控管理系统主要完成车辆进出站称重信息采集、垃圾车辆智能派位、车辆在位自动喷淋排风、指引转运车辆换桶、垃圾处理报表查看等功能。

2. 视频监控系统

摄像监控点分别布置在容器泊位上方、收集大厅、转运厅、进出口等重要部位。通过摄像机采集监控图像并以视频信号的模式被汇聚主控制室视频监控显示器,以实现对转运站运行的实时监控和录像。

3. 监控管理系统

监控系统主要由计算机系统和摄像/监控系统组成。信息输入来自称重计量系统和各视控点。

监控系统在转运站的运营中,起到保障站内各种设备作业有序、安全生产、调度合理、高效运转等作用,如图 6-5 所示为监控系统拓扑图。

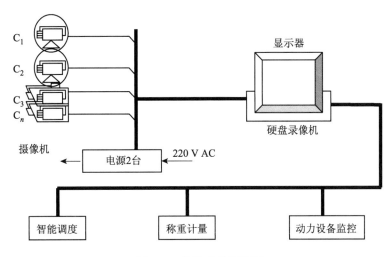

图 6-5　监控系统拓扑图

转运站内设多处摄像头与控制室内的监视屏相连,对各泊位、卸料大厅、转运场地、坡道进出口及转运站大门等多处关键部位进行实时监视,控制室的操作人员可及时掌握各监视点的情况。控制室为转运站的指挥中心,负责转运站日常作业的统一调度。

监控系统主要由计算机系统和摄像/监控系统组成。信息输入来自称重计量系统和各视控点。

6.3.3　主体车间布置方案

1. 主体车间分层功能布置

综合分析主体车间各种辅助生产设施和管理设施的功能及布置要求,将车间分为三层,各层功能布置如下。

1) 地下一层

车间地下一层布置有垃圾转运大厅及辅助生产设施用房,如图 6-6 所示。

转运大厅为垃圾转运作业场地,宽 24 m,考虑转运车日常作业的方便性,将转运车停车场和转运容器堆放区就近布置在转运车回转场地旁。

卸料大厅下面空间部分开发作为辅助生产设施区,布置有通风除臭设备间和污水处理间。消防泵房根据规范要求设置于楼梯间旁。

2) 一层

车间一层主要功能区为垃圾卸料大厅,为垃圾收集车卸料及回转场地,根据车流组织在大厅入口处设 2 台地磅,地磅旁边布置门卫计量间。考虑环卫作业人员的休憩,在卸料大厅内还

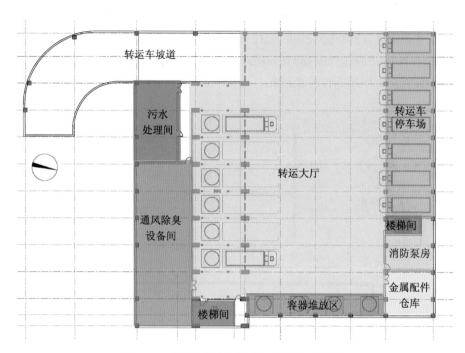

图 6-6　分流转运车间地下一层平面布置图

布置有休息室。特种垃圾暂存间紧靠卸料大厅端头布置,便于场地和车间内的物流的组织。
车间北侧靠近场地人员出入口布置有更衣淋浴间及车间变配电间,如图 6-7 所示。

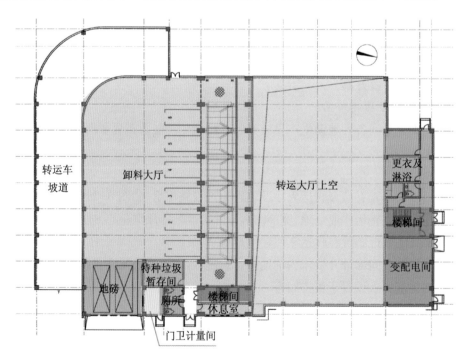

图 6-7　分流转运车间一层平面布置图

3）二层

车间二层布置分为两部分。

利用卸料大厅的超高设置夹层布置中控室,从中控室可方便地对卸料大厅作业情况进行监控和调度指挥。

北侧近人员出入口的车间二层布置为管理区,设置办公室和会议室,与生产作业区形成相对独立的区域,并在转运大厅屋面种植屋面绿化,营造良好的办公环境,如图6-8所示。

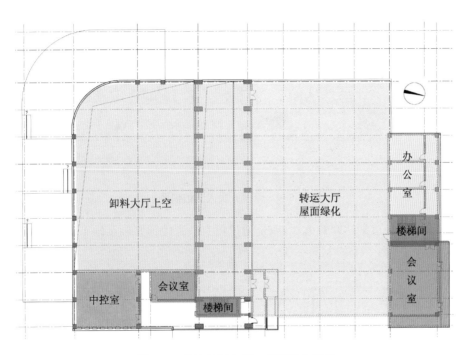

图6-8 分流转运车间二层平面布置图

2. 车间内人流及竖向交通组织

分流转运车间的车流组织主要包括垃圾收集车和垃圾转运车车流,具体如下。

垃圾收集车:收集车→地磅→卸料大厅卸料;

垃圾转运车:转运车→转运坡道→卸箱区卸箱作业→装箱作业。

结合上述车流,在主体车间的平面和竖向布置中充分考虑了人流的组织,实现人车分流,兼顾环卫车辆作业的顺畅和人员通行的安全性,人流组织具体如下。

1）管理人员人流组织

管理人员由场地北侧人员出入口进入,通过北侧楼梯间至二楼办公区,也可通过转运大厅屋顶花园步道到达二楼中控室,如图6-9所示。

2）环卫作业工人人流组织

环卫作业人员由场地北侧人员出入口进入,先进入更衣及淋浴间更衣,然后通过楼梯间及

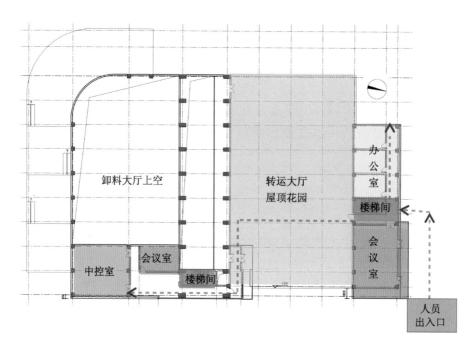

图 6-9   管理人员人流组织图

转运大厅屋顶花园步道到达卸料大厅,或是通过更衣室旁楼梯直接至地下一层卸料大厅作业,如图 6-10 所示。

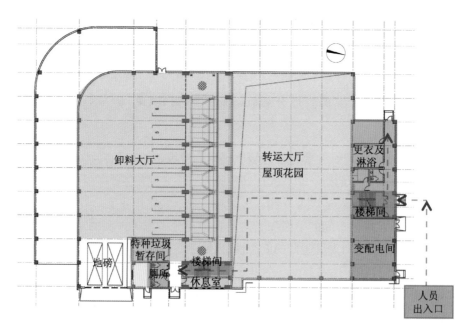

图 6-10   环卫作业人员人流组织图

3）消防疏散组织

　　分流转运车间共设置 2 处楼梯间，在一层均可直通室外，其出口分别靠近基地物流出入口和人员出入口，满足消防的疏散要求。

参考文献

REFERENCES

[1] 钱七虎. 城市可持续发展与地下空间开发利用[J]. 地下空间,1998,18(2):69-74.

[2] 范益群. 城市地下空间基本术语结构体系及其若干概念辨析[J]. 市政技术,2013,增(2):71-75.

[3] 包太. 国内外城市地下污水处理厂概况浅析[J]. 地下空间,2003,23(3):335-340.

[4] 戴慎志. 城市工程系统规划[M]. 北京:中国建筑工业出版社,1999.

[5] 吴志强,李德华. 城市规划原理[M]. 北京:中国建筑工业出版社,2010.

[6] 丁亚兰. 国内外给水工程设计实例[M]. 北京:化学工业出版社,1999.

[7] 曹卫峰,等. 全地下污水厂特色结构布置及经济性分析[J]. 中国给水排水,2012,28(10):63-69.

[8] 束昱. 地下空间资源的开发与利用[M]. 上海:同济大学出版社,2002.

[9] 李相然,岳同助. 城市地下工程实用技术[M]. 北京:中国建材工业出版社,2000.

[10] 陈志龙,刘宏. 城市地下空间总体规划[M]. 南京:东南大学出版社,2011.

[11] 黄芝. 上海地下空间工程设计[M]. 北京:中国建筑工业出版社,2013.

[12] 中华人民共和国住房和城乡建设部. 城市地下空间基本术语标准:JGJ/T 335—2014[S]. 北京:中国建筑工业出版社,2014.

[13] 中华人民共和国建设部. 城市工程管线综合规划规范:GB 50289—98[S]. 北京:中国建筑工业出版社,1998.

[14] 中华人民共和国住房和城乡建设部. 城市综合管廊工程技术规范:GB 50838—2015[S]. 北京:中国计划出版社,2015.

[15] 中华人民共和国建设部. 室外给水设计规范:GB 50013—2006[S]. 北京:中国计划出版社,1998.

[16] 中华人民共和国住房和城乡建设部. 室外排水设计规范(2014年修订版):GB 50014—2006[S]. 北京:中国计划出版社,2014.

[17] 中华人民共和国环境保护部. 生活垃圾焚烧污染控制标准:GB 18485—2014[S]. 北京:中国环境科学出版社,2014.

[18] 中华人民共和国住房和城乡建设部. 城市电力规划规范:GB/T 50293—2014[S]. 北京:中国建筑工业出版社,2014.

[19] 中华人民共和国住房和城乡建设部. 35 kV～110 kV变电站设计规范:GB 50059—2011[S]. 北京:中国建筑工业出版社,2011.

[20] 中华人民共和国卫生部. 生活饮用水卫生标准:GB 5749—2006[S]. 北京:中国标准出版社,2006.

[21] 中华人民共和国建设部. 城市给水工程规划规范:GB 50282—1998[S]. 北京:中国标准出版社,1998.

[22] 中华人民共和国建设部. 城市居民生活用水量标准:GB/T 50331—2002[S]. 北京:中国建筑工业出版社,2002.

索 引

INDEX